国家信息中心数字中国研究院

大 数 据 发 展 丛 书

ANALYSIS METHOD AND APPLICATION PROSPECT OF SPATIO-TEMPORAL BIG DATA

时空大数据的分析方法与应用前瞻

陈 东 ◎ 著

社会科学文献出版社
SOCIAL SCIENCES ACADEMIC PRESS (CHINA)

大数据发展丛书
编　委　会

总　序

当今世界，随着互联网、物联网等新技术飞速发展，万物互联化、数据泛在化的大趋势日益明显，人类社会正在进入以数字化生产力为主要标志的全新历史阶段。采集、管理、分析、利用好各种海量数据，已成为国家、地区、机构和个人的核心竞争力。我国幅员辽阔、人口众多、经济体量庞大，经济社会运行各方面产生的数据规模、复杂程度和潜在价值均十分巨大。据统计，目前我国 4G 用户全球占比超过 40%，光纤宽带用户全球占比超过 60%，蜂窝物联网 M2M 连接数全球占比近 45%。预计到 2020 年，我国数据总量全球占比将达到 18%。如何加强数据资源顶层统筹和要素集聚，构建数据资源“举国机制”；如何有效共享和利用散落在全社会各处的数据资源，加快释放“数字红利”；如何运用大数据加强宏观调控、公共服务和行业监管，促进国家治理体系和治理能力现代化，已经成为关乎党和国家前途命运的一件大事。

在这一历史背景下，以习近平同志为核心的党中央高瞻远瞩、超前布局，适时提出并全力推进实施国家大数据战略，加快建设数字中国。2017 年 10 月 18 日，党的十九大报告指出“加快建设制造强国，加快发展先进制造业，推动互联网、大数据、人工智能和实体经济深度融合，在中高端消费、创新引领、绿色低碳、共享经济、现代供应链、人力资本服务等领域培育新增长点、形成新动能”。当前，推进国家大数据发展与数字中国建设的时代内涵主要包括五个方面。

一是迎接信息化发展进入大数据新阶段，以新型“举国体制”打造数字化时代全球竞争力。习总书记指出：“大数据是信息化发展的新阶段。随着信息技术和人类生产生活交汇融合，互联网快速普及，全球数据呈现爆发增长、海量集聚的特点，对经济发展、社会治理、国家管理、人民生活都产生了重大影响。”加快推进大数据发展与数字中国建设，应当着力推进全国范围内数据资源顶层统筹和要素集聚，充分释放“数字红利”，有效提升数字化时代我国全球竞争力。

二是守护网络化数字化时代国家主权新疆界，以“数字立国”支撑落实国家总体安全观。习总书记指出：“从世界范围看，网络安全威胁和风险日益突出，并日益向政治、经济、文化、社会、生态、国防等领域传导渗透。”当前，大数据已经成为国家的基础性战略资源，数据主权成为国家主权的新领域。加快推进大数据发展与数字中国建设，应当着力强化陆海空天电网六维空间数据资源全领域、全要素统筹，有效增强国家数据资源的纵横联动和调度指挥能力，筑牢国家数据资源整体安全防护体系。

三是培育壮大我国经济高质量发展新动能，以“数字强国”为经济转型升级全面赋能。习总书记指出：“研究表明，全球95%的工商业同互联网密切相关，世界经济正在向数字化转型。”大数据对于国民经济各部门具有十分广泛的辐射带动效应，对我国经济质量变革、效率变革和动力变革具有重要推动作用。加快推进大数据发展与数字中国建设，应当着力汇聚全社会数据资源和创新资源，实现汇聚数据链、整合政策链、联接创新链、激活资金链、培育人才链、集聚产业链，以信息化培育新动能，以新动能推动新发展。

四是满足人民群众对高品质生活新向往，以“数字治国”推动现代治理体系建设向纵深发展。习总书记指出：“必须贯彻以人民为中心的发展思想，把增进人民福祉作为信息化发展的出发点和落脚点，让人民群众在信息化发展中有更多获得感、幸福感、安全感。”互联网、大数据等新技术是人民群众创造高品质生活的全新手段。加快推进大数据发展与数字中国建设，应当聚焦人民群众的难点、痛点、堵点问题，着力运用新技术手段深化“放管服”改革，推动现代治理体系建设向协同管理、协同服务、协同监管的纵深方向发展，切实增强人民群众获得感和满意度。

五是开创“一带一路”倡议合作共赢新局面，以“数字丝路”建设引领高水平对外开放。习总书记指出:“要坚持创新驱动发展,加强在数字经济、人工智能、纳米技术、量子计算机等前沿领域合作,推动大数据、云计算、智慧城市建设,连接成21世纪的数字丝绸之路。”加快推进大数据发展与数字中国建设,应当着力搭建覆盖共建“一带一路”国家和地区的数据资源互联互通平台和标准规范体系,推动成员国之间数据共享开放,更好地服务于各国经济社会发展,使我国在未来全球大数据产业发展中掌握优先话语权。

20世纪80年代,为迎接世界信息技术革命挑战而组建的国家信息中心,目前已成为以经济分析预测、信息化建设和大数据应用为特色的国家级决策咨询机构和国家电子政务公共服务平台。近年来,国家信息中心在贯彻落实国家大数据战略,全力推进数据资源汇聚、数据分析决策和数字经济发展方面取得了诸多成绩。2018年4月,国家信息中心正式成立数字中国研究院,通过整合内外部资源,汇聚产学研各界优势,共同打造大数据领域最权威、最高端、最前沿的综合性智库平台。本套丛书的策划出版,也是国家信息中心数字中国研究院在数字经济、政府治理、宏观决策、监管创新等领域探索研究的核心成果之一,相信将为各级政府和社会各界推进大数据发展与数字中国建设提供有益借鉴。

曾子曰:“士不可以不弘毅,任重而道远。”面向未来,希望社会各界有识之士一起努力,坚持面向国家重大需求、面向国民经济发展主战场、面向世界数字科技创新前沿,全面参与大数据发展事业,全力探索以数据为纽带促进政府、产业、学术、研发、金融、应用各领域的深度融合创新的发展模式。

是为序。

罗文

国家发展改革委副主任

前　言

随着卫星导航定位技术、天空地一体化遥感技术、地理信息系统技术及计算机和通信网络技术的发展，地球表面的集合特征和物理特征等早就成为可被感知、记录、存储、分析和利用的地理时空数据。特别是近年来，智能感知、互联网和物联网、云计算等新兴信息技术的迅速发展，使人们的位置、行为甚至身体生理特征，以及大气、水质等环境的每一点变化，均成为可被感知、记录、存储、分析和利用的数据，而这些具有时间和空间属性的数据使传统地理时空数据的范畴得到极大拓展，数据获取手段、数据种类和应用场景逐渐丰富，时空数据已具有大数据的典型特征，成为真正的“时空大数据”。

王家耀院士认为，时空大数据是大数据与时空数据的融合，即以地球（或其他星体）为对象，基于统一时空基准，活动于时空中与位置直接或间接相关联的大数据。因此，从某种意义上说，“大数据时代”就是“时空大数据时代”。从这个意义讲，大数据本身都是在一定的时间和空间内发生的，大数据本质上就是时空大数据，只不过一般的大数据研究并未意识到大数据的时空特征，仅在可视化时以地理要素数据作为背景（相当于专题地图的地理底图），是在可视化层面对大数据统计分析和挖掘结果的集成；而这里的时空大数据强调的是以大数据与时空数据融合和生成时空大数据作为分析与挖掘的对象，分析与挖掘过程是在时空中进行的，分析与挖掘的结果本身就反映时间变化趋势和空间分布规律。

地理信息系统（Geographic Information System，GIS）领域在时空数据的分析挖掘中已形成了完整、科学的理论和方法体系，并被广泛应用于测绘、航天、城市规划等专业领域。随着近年来数字化服务新模式新业态的腾飞和手机等智能终端设备的普及，基于位置的服务逐步走进大众视野。我们每天都会使用的高德地图、滴滴打车、大众点评等App背后都有一个基于时空大数据分析的GIS平台在运行。然而，我们也应看到，当时空数据升级为时空大数据时，除了数据种类的增多，还有数据量的指数级攀升，这对传统GIS提出了前所未有的挑战。关于"佛系GIS是否会消亡"的话题，曾引起学术界热烈争议。北京大学程承旗教授认为，GIS不会消亡，与其他学科或应用的融合，或许会赋予它全新的生命。因此，本书主要分背景篇（上篇）、理论篇（中篇）和应用篇（下篇）三个部分展开阐述，关注时空大数据时代GIS面临的挑战和问题，提出理论模型框架，并开展应用实践。

背景篇分为三章，梳理了GIS界提出数字地球的背景，以及从数字地球到数字中国的发展历程，从大数据环境下地理信息系统的发展需求出发，论述大数据时代GIS面临的问题和挑战，分析问题产生的根本原因，提出发展新型空间数据模型的必要性。

理论篇分为四章，主要是对新型空间数据模型的理论框架进行系统阐述，介绍了空间数据模型、地球剖分格网等相关研究的发展现状，提出了剖分数据模型的基本概念及其三层架构，即概念层—逻辑层—物理层，并且分别针对模型的各个层次开展详细设计。同时，从正确性、一致性和完备性三个方面展开理论分析，论证剖分数据模型的科学性，并采用剖分型GIS试验平台，针对模型中的关键应用环节开展了试验分析。

应用篇分为三章，介绍了剖分型GIS试验平台在居民消费形势分析、区域数字经济发展情况评估和产业园区空间规划中的应用案例。这些案例均是采用新型的剖分数据模型进行组织、计算与应用，表明研究时空大数据不仅有助于提高消费等领域宏观经济分析研判的科学性、合理性和完整性，而且可广泛应用于城市边界、就业趋势、人口流动、高新技术产业监测等具有时空特征的领域，既能够辅助宏观经济预测研判，又能够服务于区域产业发现、空间规划、招商引资等环节，为区域乃至国家发展带来经济效益。

Contents

目　录

上篇　背景篇

中篇　理论篇

下篇　应用篇

上篇　背景篇

第一章
从数字地球到数字中国

从麦哲伦的环球航行，到利玛窦的《坤舆万国全图》，再到加加林首次进入太空，人类对未知世界的好奇心从未消失，而且在科技进步的推动下变得愈加强烈。在我们探索世界的过程中，始终存在“变与不变”这一对相辅相成的关系，不变的是人类对认识世界的渴望，而变的则是认识世界的方法。

以信息技术为代表的第三次工业革命为各行各业的发展提供了更广阔的上升空间，也为人类认知世界提供了更好的手段。伴随着计算机和通信技术的进步，“大数据”“云计算”“物联网”等新概念兴起，万事万物正朝着“数字化”“互联化”的方向发展。

第一节　从“丈量世界”到“数字地球”

科技的发展为人类从总体上认识地球提供了更为便利的条件。相较于人类社会早期通过跋山涉水来实地勘测的方式，航空航天、地面观测及复杂的计算机仿真技术等高科技手段将我们对世界的认识数字化，使人类对地球系统的研究过程变得更简单也更精确。由卫星形成的全球观测系统能连续地提供绿地工程数据，使我们有能力源源不断地快速获取地球随时间变化的几何信息和物理信息。这些信息可以让人们从整体上了解地球系统，了解地球的各种现象及其变化和相互关系，区分地球上的自然变化和人为改变，以便决策者制定必要的条例来约束和规范人类的行为，从而防范地球向不利于人类生存与发展的方向演变；同时指导人类合理地利用和开发资源，有效地保护和改善环境，积极抵御各种自然灾害，不断提升人类生存和生活的环境质量。

纵观历史，技术一直是人类认识地球的关键因素：天文学的发展打破了“天圆地方”的陈旧观念，航海技术的进步让人类意识到地球或许是圆的，航空航天技术的发展则使人类能直观地看到地球全貌。可以说，技术的进步才是帮助人类认知世界最重要的方式。当人类对世界的认知达到一定程度后，就会渴望改造世界，而科技的创新则刚好满足了这种需求。

1993 年，为振兴美国经济，时任美国总统克林顿（William Jefferson Clinton）在一份向美国国会提供的报告中首次正式提出建立“信息高速公路”计划。该计划通过通信线路、计算机、数据库以及日用电子产品等组成的完备的网络，将政府机构、科研单位、企业、图书馆、学校、商店以及家家户户的计算机连接起来，以便迅速地传递和处理信息，从而最大限度地实现信息共享。这为“数字地球”的提出奠定了技术基础。

1998 年 1 月，时任美国副总统的戈尔（Al. Gore）在加利福尼亚科学中心开幕典礼上发表了题为“The Digital Earth：Understanding our Planet in the 21st Century”的演说，首次提出了数字地球（The Digital Earth）的概念。数字地球是对真实地球及其相关现象统一的数字化重现，其核心思想是用数字化的手段来处理整个地球的自然和社会活动诸方面的问题，最大限度地利用资源，并使普通百姓能够通过一定方式方便地获得他们想了解的有关地球的信息，其特点是嵌入海量地理数据，实现对地球多分辨率、三维的描述，即“虚拟地球”。通俗地讲，“数字地球”就是尽量将地球的各种特征进行量化，就是将地球、地球上的活动及整个地球环境的时空变化以数据的形式存入计算机中，并实现在网络上的流通，从而使之最大限度地为人类的生存、生活与可持续发展服务。

我国在“数字地球”的发展中也扮演了非常重要的角色。1999 年，中国科学院联合多个部门和组织于北京召开国际数字地球会议，来自 27 个国家的科学家共同发布《1999 数字地球北京宣言》，拉开数字地球国内外发展的序幕。2006 年，总部设在我国的国际数字地球学会（ISDE）正式成立，旨在促进国际学术交流与合作，共同推动数字地球技术发展。

第二节 从“数字地球”到“数字中国”

“数字地球”概念的提出旨在以遥感卫星图像为主要技术分析手段，在可持续发展、农业、资源、环境、全球变化、生态系统、水土循环系统等方面进行全球调控。其核心内容是获取数字地图，即高分辨率的卫星影像资料，以掌握整个地球的分布、动向、意向等第一手资料，便于更好地服务人类，平衡人与大自然的关系。

戈尔的数字地球学是关于整个地球、全方位的GIS与虚拟现实技术、网络技术相结合的产物。一个如此浩大的工程，任何政府组织、企业或学术机构都是无法独立完成的，它需要成千上万的个人与组织的共同努力。数字地球要解决的技术问题，包括计算机科学、海量数据存储、卫星遥感技术、互操作性、元数据等。可以预见，随着信息技术与地球空间信息学的发展，数字地球必将促进测绘事业的现代化，在未来创造巨大的经济效益和社会效益。

在看到数字地球蕴含的巨大发展潜力后，世界各国对此高度重视，纷纷布局本国数字化战略。我国也积极投入数字化浪潮，“数字中国”战略便应时而生。

第三节 “数字中国”产生的背景

与其他国家相比，我国在信息化领域的发展起步较晚，这在一定程度上制约了我国的数字化进程。但随着我国的数字基础设施日趋完善，人才与知识储备逐渐丰富，三大产业逐步走向智能化，数字经济蓬勃发展，可以看到我国正在缩小与发达国家的差距。但这毕竟只是“量”的积累，要想有“质”的突破，我国还需进一步加强大数据发展的顶层设计。由此，“数字中国”战略应运而生。具体来看，“数字中国”产生的背景有以下几个方面。

（一）数字技术与传统行业的深度融合

自“互联网+”行动计划提出以来，以5G、云计算、人工智能、区块链等为代表的新一代数字技术与交通、金融、零售、制造等传统产业纵向深度融合，裂变出共享经济、数字经济等新业态、新模式。这种融合既创造了新的行业与发展模式，为新技术与旧行业的融合指明了前进方向，又为传统行业带来了新的业务增长点，在中国经济增长方式由“高速度”向“高质量”转变的过程中起到越来越重要的作用。

（二）数字技术正在对各个领域产生影响

数字技术正在从经济领域逐步扩散到政府管理、社会民生、艺术文化、生态建设等各行各业。在政府管理领域，2016年底浙江省提出“一窗受理、集成服务、一次办结”的创新服务模式，利用互联网和数据库等技术，彻底打通省内各地市、各部门的政务平台，让“数据孤岛”接壤，真正实现让百姓“最多跑一次”的服务目标，成为全国的改革样本。在艺术文化领域，以抖音、快手为代表的短视频平台在利用大数据、云计算和AI等技术，基于特定算法精准推送用户喜欢的内容的同时，也为能人巧匠、奇人异士搭建了展示的舞台，更为知识的普及和中华文化的宣扬提供了更加便捷的传播渠道。可以说，数字技术的发展让社会各个领域创新涌现、成果丰硕，对增进民生福祉、增强人民群众的“获得感”产生了积极影响。

（三）创新成为中国经济发展的重要动力

目前，中国的科技企业在人工智能等前沿领域与世界先进水平几乎同步，在移动端的发展水平全球领先，移动支付、小程序等手机应用以及共享单车和外卖送餐等具有中国特色的创新产品层出不穷。以物流业为例，随着物联网、云计算等技术的发展，智慧码头、智慧仓储等方案已经被广泛应用到人们的日常生活中。在仓储领域，以京东为代表的电商企业已经可以实现无人化仓储，存取件都依靠机器人自动实现；在运输领域，目前以顺丰为代表的物流企业已经可以利用无人机快速准确地派送快递。这些技术创新型企业利用机器人将工人从简单的重复性劳动中解放出来。虽然会存在工人“被”下岗的状况，但是从前几次工业革命的经验来看，新技术的突破虽然会短暂地使一部分人失业，但是也会催生新的职业甚至行业，从前的劳动密集型产业则逐渐被技术革命成果取代，人们开始从事门槛更高的工作。另外，人们为了提升生活质量，在现有需求被满足的同时，也会产生新的消费需求，以此为导向又会带动技术的创新，从而形成良性循环，最终刺激经济不断发展。相信在不久的将来，技术创新会源源不断地为中国的经济发展提供动力。

2000 年，习近平总书记在福建工作期间，结合福建省实际情况，极具前瞻性、创造性地作出了建设“数字福建”的战略决策。具体而言，习近平总书记提出了“数字化、网络化、可视化、智慧化”的“数字福建”建设目标，将全省各行各业、各处各地的信息数字化，再经过计算机处理可以最大限度将其整合与利用，从而更快捷、完整地提供各种信息服务，实现福建的国民经济与社会的信息化。这一伟大的决策开创了数字省域建设的先河。

2017 年 10 月 18 日，十九大报告中提到，“加强应用基础研究，拓展实施国家重大科技项目，突出关键共性技术、前沿引领技术、现代工程技术、颠覆性技术创新，为建设科技强国、质量强国、航天强国、网络强国、交通强国、数字中国、智慧社会提供有力支撑。加强国家创新体系建设，强化战略科技力量”。至此，“数字中国”的概念被正式提出。

2017 年 12 月 8 日，习近平总书记在主持中共中央政治局就实施国家大数据战略进行的第二次集体学习时强调，“加快建设数字中国，更好服务我国经济社会发展和人民生活改善”。深刻阐述了实施国家大数据战略的重大意义、内在要求和重点任务，为发展数字经济、建设数字中国指明了方向，正式开启了我国大数据时代。

2018 年 4 月 21 日，首届数字中国建设峰会在福建福州开幕。习近平主席在祝贺峰会开幕的致信中说到，“加快数字中国建设，就是要适应我国发展的新的历史方位，全面贯彻新发展理念，以信息化培育新动能，用新动能推动新发展，以新发展创造新辉煌”。峰会围绕“以信息化驱动现代化，加快建设数字中国”主题，设立了论坛和成果展等多个项目，向世界展示了中国在数字化发展的道路上取得的瞩目成就。在峰会主论坛上，国家网信办发布了《数字中国建设发展报告（2017 年）》。

“数字中国”从首次提出到首届峰会开幕总计不足一年，已经成为国家战略并取得了阶段性成果。相信在不久的未来，“数字中国”战略定能助我国早日建成社会主义现代化强国。

第四节　什么是“数字中国”

目前，国内对数字中国的理解还不尽相同，不同的学科、不同的行业对其有不同的理解。

一种是按照“数字地球”的概念与内涵去认识。这种观点认为，数字中国是指根据统一的信息规范标准，在统一的地理空间框架上，将中国各种自然、社会、人文等要素经过数字化后的多类型、多时相、多分辨率的图形、图像、文本、视频、音频信息有机地组织起来，实现海量存储、高效管理与持续更新，提供方便、直观的检索和显示，使全社会都能够在国家信息高速公路上根据各自的权限和需要，充分地利用和共享信息资源。百度百科对“数字中国”如下定义：数字中国旨在以遥感卫星图像为主要的技术分析手段，在可持续发展、农业、资源、环境、全球变化、生态系统、水土循环系统等方面管理中国。简单来讲，这种定义方式与“数字地球”的含义更贴近，主要在地理空间的大背景下，将所有相关内容以数字化的形式表示，并在国家层面进行统一管理，以更好地服务人民。

另一种则是在“数字地球”概念的基础上，将人民生活的方方面面都纳入“数字中国”的范畴中去认知。这种提法是以计算机技术、多媒体技术和大规模存储技术为基础，以高速宽带网络为纽带，以多尺度空间数据基础设施为框架，将全国各省（自治区、直辖市）的自然、社会、人文、政治、经济等方方面面的信息数字化，并通过互联网流通，以便最大限度地促进国家经济的发展和人民生活质量的提高。从近年来的“数字中国建设峰会”可以看出，“数字中国”已不再单纯局限于对中国海陆空天等地理要素的观测与管理，而与中国人生活的方方面面都产生了联系，VR、支付、出行、外卖等与百姓衣食住行息息相关的领域也囊括其中。简单来说，这种观点将“数字中国”的概念与时空大数据结合，通过将中国百姓生活方方面面的信息整合处理并纳入其中后，以搭建包括自然生活与社会生活的大数据处理与分析平台等形式，实现大数据取之于民而用之于民的宏伟构想。本书更倾向于这种观点，认为互联网与地理信息技术的进步可以带动经济发展，并更好地服务人民。

“数字中国”是国家层面的宏观战略，想要实现需要更加具体的方法，“数字城市”或许是合适之选。城市是人类文明进步的重要标志，是社会物质和精神财富生产、积聚和传播的中心。社会、经济和科学技术的进步促进了城市化，而城市化又直接关系到国民经济的健康发展。人类社会经济的发展经历了资源经济、资本经济和知识经济三个阶段。当今在知识经济时代，以信息技术为主要手段的科技进步促使经济社会生活发生了天翻地覆的变化。信息化水平已成为衡量经济发展的综合实力和社会文明程度的主要指标。国家的数字化、信息化和现代化，需要依赖城市的数字化、信息化和现代化，因此可以说建设数字中国也是依赖数字城市建设的。数字城市应是数字中国的神经元。随着计算机技术的发展，数字城市与人工智能碰撞出新的火花，“智慧城市”的概念随即诞生，许多数字城市已经或正在向智慧城市转型。中国有近 700 个大中城市，大约有 30000 个小城镇，目前已有超过 500 个城市提出或正在实施“智慧城市”建设工程，这将为中国实现现代化打下坚实的基础。

第二章
大数据时代的 GIS

随着信息获取手段的日益丰富，计算机技术、以互联网为代表的通信技术和以物联网为代表的传感技术的持续创新和广泛应用，人类的数据化能力和范围快速扩张，这种扩张使从宏观到微观的观察、分析和活动都在快速地产生着海量、多样的数据，将信息领域推到了一个前所未有的“大数据”时代，带来了一场全方位的思维变革、产业变革和管理变革。2012 年，在《大数据的研究和发展计划》（*Big Data Research and Development Initiative*）中，美国将大数据的研发应用从商业行为上升至国家战略部署（王家军，2013）。2015 年，党的十八届五中全会正式提出“实施国家大数据战略”。根据国家金融信息中心指数研究院发布的报告，2016 年我国大数据市场规模将达 238 亿美元。IDC 发布的研究报告显示，2013 年人类产生、复制和消费的数据量达到 4.4ZB。而到 2020 年，数据量将增长 10 倍，达到 44ZB，大数据已经成为当下人类最宝贵的财富。

在数据的“汪洋大海”中，约 80% 的数据与空间位置有关（Shekhar S. 等，2008）。“空间大数据”指的是具有或隐含空间属性的大数据类型，它是大数据的重要组成部分，也是重要的行业数据。那么，如何对空间大数据进行高效和及时的处理，将无序的空间数据有序化，提供在“小”数据基础上难以甚至无法完成的服务，是空间大数据环境下迫切需要解决的难题，也对传统的空间数据模型与空间信息管理方式提出了更高的要求。

尝试用地理信息系统来解决大数据的问题是一个初见成效的思路。在过去的几十年时间里，地理信息系统在空间信息的组织、管理、表达与分析中发挥了重要的作用（秦其明、袁胜元，2001），被广泛应用于地理国情监测

（王树文、刘俊卫，2012）、环境评估、灾害预测、国土管理、城市规划、邮电通信、交通运输（陈安平，2006）、军事公安（王家耀，2000；李国杰，2006）、水利电力、公共设施管理、农林牧业、统计、商业金融等几乎所有领域，为人们的生活提供了极大的便利。然而，新时代、新技术和新需求的出现迫切需要新型地理信息系统与之匹配（龚健雅，2004），随着大数据的日益发展，传统地理信息系统的应用场景与服务对象等正在逐渐发生变化，表 2－1 从多个方面比较了大数据时代 GIS 与传统 GIS 的区别。

表 2－1 大数据时代 GIS 与传统 GIS 的区别

比较对象	传统 GIS	大数据时代 GIS
数据类型	以地图、影像等传统结构化数据为主	大量非结构化数据
数据量	数据数目多，数据量大	数据数目巨大，数据量海量
数据组成	90% 结构化数据 +10% 非结构化数据（元数据、属性等）	5% 结构化数据 +10% 半结构化数据 +85% 非结构化数据
更新速度	相对稳定，更新慢（矢量，即使影像也有覆盖周期的问题），静态，更新量小	数据更新快（比如网络上的 POI 数据、导航数据、地域标签数据），动态，更新量大
数据质量	数据精度高，有明确的质量约定	数据质量参差不齐，数据精确度低。用数据量来抵消少量数据精确度甚至准确度的问题
涉及领域	传统地理信息领域	涉及多个领域，包括天文、气象、军事、政治、经济、互联网等
服务对象	传统的地理信息专业用户	更加广泛的行业用户和普通大众

由表 2－1 可以看出，空间大数据的来源广泛、种类多样、数量巨大、更新迅速、服务多元等特点对传统的空间数据组织管理方式提出了更高的要求，同时也为下一代 GIS 的诞生带来了机遇。因此，探索一种更适用于空间大数据的新型数据模型，是建立新一代地理信息系统的必由之路，也是新时代的必然产物，而采用地球剖分理论和相关技术建立剖分型地理信息系统正是基于这一思想的具体实现，其相关理论和技术的研究，对推动新一代 GIS 的产生乃至整个空间科学的发展都有不可估量的重大意义和实用价值。

第三章
发展剖分数据模型的需求分析

空间数据模型是GIS领域的重要研究内容之一（张山山，2001）。在地理信息系统近半个世纪的发展历程中，出现了许多针对地球空间实体和现象的组织管理方式，如栅格模型和矢量模型，这些空间数据模型为满足一定时期内某些领域对地理信息系统的应用需求做出了重大贡献。然而，随着大数据时代的到来，海量结构化与非结构化空间数据的一体化表达、组织、计算与展示等需求均对地理信息系统提出了更高的要求，经纬度体系下的传统数据模型出现了一些短板甚至发展瓶颈，亟待寻求新的解决思路。

第一节　空间实体一体化表达的需求

国内外不少学者认为，大数据的关键在于分析，而空间大数据的“大价值”（Value）则主要体现为空间关联分析，即具有空间从属、组成关系的实体之间应更易关联在一起，然而目前空间实体的表达方式使实体之间的空间关联性较弱。

矢量数据模型通常采用基于经纬度坐标的实体对象区位表达方法，一般只能针对多边形的外围轮廓信息进行表达，如图3－1中小区A由点串［A_1（x_{A1}，y_{A1}），A_2（x_{A2}，y_{A2}），…，A_{13}（x_{A13}，y_{A13}），A_1（x_{A1}，y_{A1}）］来描述，但该方式缺少对内部结构信息的表达。若需表达内部信息，如小区内的建筑物B（灰色），则需要增加新的内部对象，其中建筑物由点串［B_1（x_{B1}，y_{B1}），B_2（x_{B2}，y_{B2}），…，B_6（x_{B6}，y_{B6}），B_1（x_{B1}，y_{B1}）］来描述，这给空间实体内部信息的表达带来了困难——难以判断实体之间的空间关联关系。

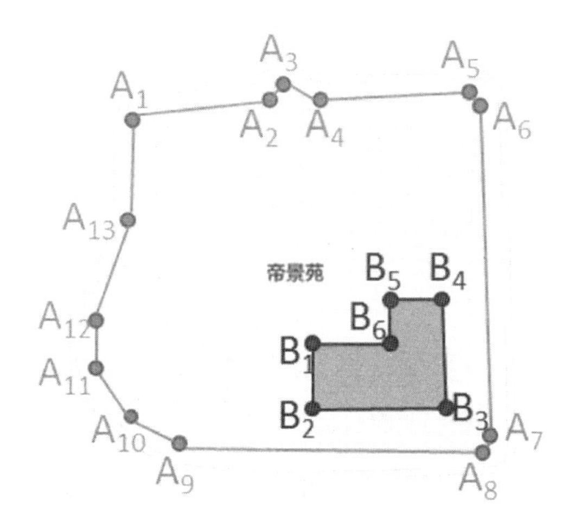

图 3－1　实体对象及其内部矢量表达示意

而栅格数据模型以栅格单元集合来表达实体，通过重采样算法记录实体内部信息，如图 3－2 中大圆点和小圆点为两种不同规格的栅格单元，虚线框内结点为小区 A 在不同栅格数据中的表达结果，虽然同时记录了实体的边界与内部信息，但同一实体在规格不一、形态各异的表达方式下，仍旧不利于建立实体数据之间的关联关系。

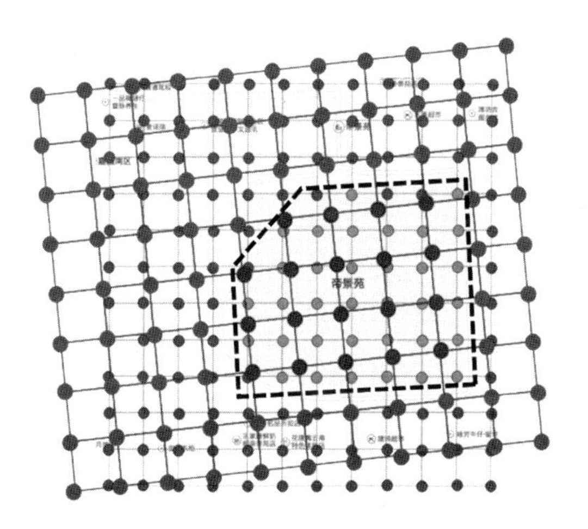

图 3－2　实体对象及其内部栅格表达示意

第二节　空间数据统一组织的需求

“多样性”（Variety）是大数据组织管理面临的一项重大挑战。网安数据是一类典型的行业大数据，它不仅包含管理方式已相当成熟的结构化数据，而且包含更多的视频、图片、网页等非结构化数据，而目前业务系统中采用文件系统或关系型数据库，无法灵活应对各种类型数据的组织、管理。空间数据蕴含的空间特性为异构数据组织提供了纽带，但是，现有的空间数据组织方式并不理想。

（一）实体对象 ID 码赋值难统一

传统数据模型以图层为数据组织基础，实体对象 ID 赋值具有随机性，不同图层之间实体的关联依赖元数据库，为信息共享带来困难。如图 3－3 所示，对于小区 A，它的空间信息可用一个经纬度坐标串来描述，在图层一的属性数据表中主键 ID 标记为 6，但在图层二中 ID 标记为 4，它们对应于同一个实体，却具有无任何关联的 ID 值，为跨图层的数据关联共享带来了困难。

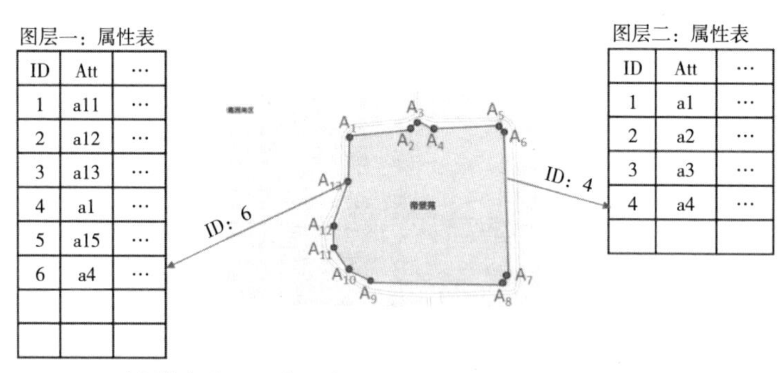

图层一：属性表

ID	Att	…
1	al1	…
2	al2	…
3	al3	…
4	al	…
5	al5	…
6	a4	…

图层二：属性表

ID	Att	…
1	al	…
2	a2	…
3	a3	…
4	a4	…

图 3－3　实体对象 ID 码赋值不统一的示意

（二）经纬度难以唯一标识实体的空间信息

作为网安 GIS 中最常见的一项基本操作，数据查询效率对服务质量有直接影响。然而，当前的情况是：若查询某日产生于某场所的网安数据，耗时至少 2min，而在移动信号追踪、网络围栏监控等具有一定时间跨度的数据分析，或是在犯罪分子身份鉴别等需跨库、跨平台的关联查询中，面对更为庞大的数据量，查询效率根本无法满足网安 GIS 的日常业务需求。

以上现象产生的主要原因在于：该操作涉及空间拓扑关系、属性信息联合查询，但由于经纬度难以唯一标识实体的空间信息，空间数据与属性数据分开存储，属性数据库无法提供直接的区域查询功能（潘俊辉、相生昌，2012）。

若用经纬度来唯一标识实体的空间信息，将该标识取代 ID 码作为属性数据表的主键，存在两种方式：一种是以经纬度坐标点的经度、纬度两个分量作为两个字段，将二者视为属性数据库的主键，如图 3－4 所示；另一种则以描述实体对象外轮廓的经纬度坐标串作为一个变长字段，将该字段视为属性数据库的主键，如图 3－5 所示。以上方式均可实现属性数据与空间数

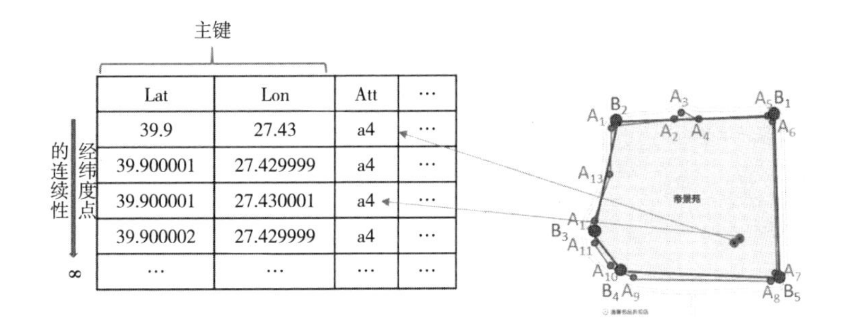

主键

Lat	Lon	Att	…
39.9	27.43	a4	…
39.900001	27.429999	a4	…
39.900001	27.430001	a4	…
39.900002	27.429999	a4	…
…	…	…	…

图 3－4 经纬度坐标作属性数据库主键效果

主键

ID	Att	…
(x_{A1}, y_{A1})，(x_{A2}, y_{A2})，…	a4	…
(x_{B1}, y_{B1})，(x_{B2}, y_{B2})，…	a4	…
(x_{C1}, y_{C1})，(x_{C2}, y_{C2})，…	a2	…
(x_{D1}, y_{D1})，(x_{D2}, y_{D2})，…	a8	…
…	…	…

图 3－5 经纬度坐标串作属性数据库主键效果

据的融合，但由于经纬度点的连续性，点的微小移动就会带来实体对象的改变，无论何种方式，均会导致属性数据库中记录数趋于无穷大，是有限的数据库存储空间与越来越高效的查询需求所无法承受的。

第三节　空间数据高效计算的需求

特别是应急反应及移动（或网络）用户对应用体验的高要求，复杂计算、大数据量计算等新需求要求信息系统必须具有更强大的计算能力，高效地空间计算是保障大数据“时效性”（Velocity）的重要因素之一。例如，在网安业务系统中，针对某一突出事件，需要快速调集并关联多源信息，其实质是多个图层中实体空间与属性信息的 Overlay（空间叠置）计算，本节以空间叠置分析为例，分析传统数据模型中算法复杂度的问题。

假设计算 *Layernum* 个面要素图层之间的 Overlay，它的耗时可表示为：

$$T = t \times \prod_{i=1}^{Layernum} Count_i(Object) \tag{3.1}$$

其中，t 表示两个多边形裁剪算法的平均耗时，$Count_i$（$Object$）表示第 i 个图层中面要素的个数。

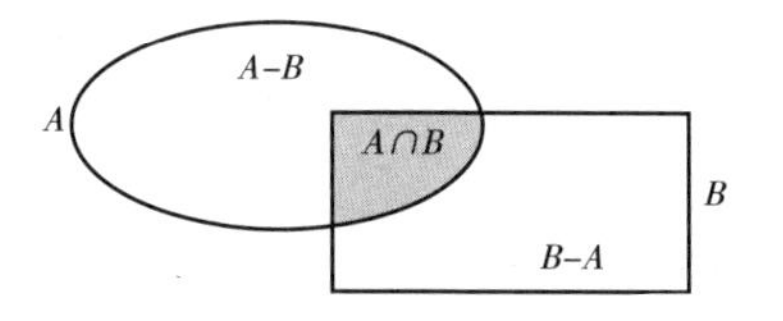

图 3－6　多边形裁剪结果示意

式（3.1）中 t 的取值，依赖于多边形 A 与 B 之间的裁剪算法（图 3－6）。经典的多边形裁剪算法，如 Sutherland-Hodgeman（Sutherland I. E. and Hodgeman G. W.，1974）、Foley（Foley J. D. et al.，1990）、Maillot（Maillot P. G.，1992）、Weiler-Atherton（Weiler Kevin and Atherton Peter，1977）等均建立在经纬度体系下，它们的算法复杂度与要素几何复杂度（精度）、多边形交点的个数呈正相关关系。目前简单多边形裁剪算法的时间复杂度最佳可

低至 O $[(m+k)\times k]$，其中，m 是两个多边形中顶点数较大者，k 是两个多边形的交点数（宋树华等，2014）。

在空间大数据背景下，图层的个数 *Layernum* 以及每个图层的实体个数 *Count*（*Object*）趋于一个极大值，T 也将趋于无穷大。

第四节 海量数据空间展示的需求

地理空间可视化是空间数据的重要呈现方式之一，比传统数据库、电子表格和文件展示方式更为直观（RAJARAMAN A. and ULLMAN J. D.，2011）。但是，随着数据量的激增，数据的空间展示也出现了一些问题，具体表现在以下两个方面。

（一）空间大数据的地图可视化效果差、可读性低

大数据的"大体量"（Volume）特性极大程度地影响了其空间展示效果。潍坊市作为一个地级市，以 15859 平方公里的面积容纳 1000 万常住人口，每天产生数据近 30 亿条。制作潍坊市一天的网安电子地图，需在 15859 平方公里绘制 30 亿个点，平均每 5.3 平方米绘制 1 个点，考虑地图比例尺与屏幕分辨率的影响，仅一天的数据已远远超出地图的最大负载量。图 3－7 是仅选择性绘制了 10000 个点的潍坊市网安电子地图，数据几乎遍布该市每个角落，且部分数据点之间有重叠，并不能直观地掌握数据的空间分布情况。

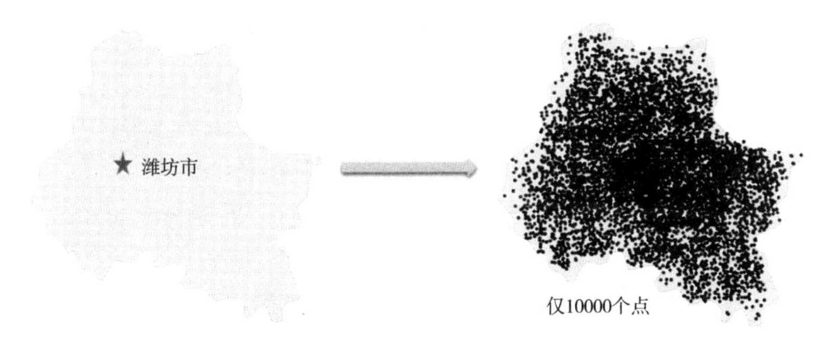

图 3－7 网安大数据的可视化效果

（二）要素绘制复杂，影响显示效率

从每一个要素的绘制效率与效果来看，大数据“时效性”（Velocity）和“准确性”（Veracity）受限于传统的绘制方式。

无论矢量对象还是栅格场数据，其在电子地图中的绘制实质上是经纬度坐标转换为屏幕像素坐标的过程，即将浮点数值转换为整型数值的过程（Foley J. D. et al.，1990），如图 3－8 所示。此间需要经过复杂的转换，式（3.2）列出相应的转换公式。不仅与真实数据存在一定的相对位置偏差，还影响要素显示效率，特别是在超大数据量的要素绘制时影响数据的展示效果。

$$\begin{aligned} scaleX &= [(maxLon\text{-}minLon) \times 3600]/width \\ scaleY &= [(maxLat\text{-}minLat) \times 3600]/height \\ screeX &= [(lon\text{-}minLon) \times 3600]/scaleX \\ screeY &= [(maxLat\text{-}lat) \times 3600]/scaleY \end{aligned} \tag{3.2}$$

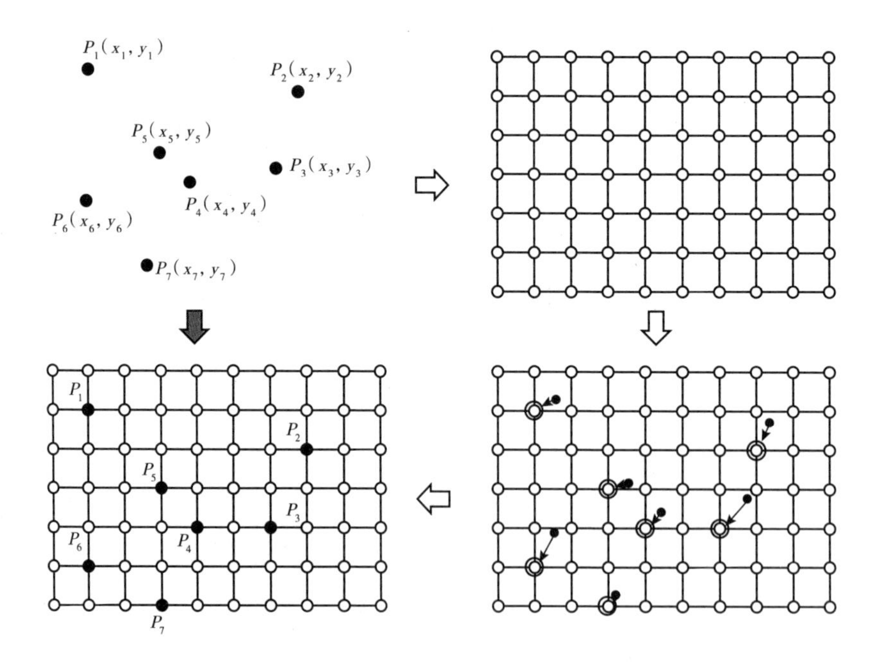

图 3－8　要素的屏幕绘制过程

作为典型的行业大数据，网安大数据面临的表达、组织、计算和展示问题正是空间大数据的应用与服务中存在的普遍问题，而这些问题的出现均与空间数据模型息息相关。下一节将从传统数据模型对现实世界抽象化描述的角度出发，分析大数据时代空间数据模型问题产生的根本原因。

第五节　问题产生的根本原因分析

高俊院士提出："地图的产生是基于人类想知道山的那边是什么这样朴素的愿望，"（高俊，2012）那么，数据模型的产生则是为了满足人类更有条理地记录、展现和分析地理事物与现象的进一步追求。可见，数据模型的研究归根结底是由于人类认知需要而产生并得到深入的，这也表明数据模型的研究不能只注重方法，必须从人类认知的角度进行分析探讨，才能把握问题的关键，得到解决问题的那把钥匙。

从空间认知角度来看，上文所提空间数据模型存在表达、组织、计算和绘制问题的主要原因在于人类对空间实体的不同抽象视角和应用需求，具体表现为经纬度坐标的连续性与地理空间的离散性之间的矛盾，使经纬度体系下实体对象的有限性被忽略。

（一）经纬度坐标的连续性带来了实体对象的无限性

近代几何学认为，点运动则成线，线运动则成面，面运动则成体，即空间是由无数质点组成的（鲁秋菊，2008）。点作为一种无形状、大小等几何参数的离散元，是组成更复杂实体的"细胞"。经纬度正是借用了几何学的思想，将地球空间视为连续空间，为地球表面这一几何体建立坐标系，以二维向量定义每个点的相对位置，那么附着于地球表面的空间实体则是基元——点的排列组合。然而，在连续空间中，点在细微偏移前后将被视为两个不同的点，反映在实体空间描述中即对应于两个不同的实体，其数学描述为：

对于一个实体 A，其空间描述是一定抽象规则下经纬度点的集合，即

$$A = \cup_{i=1}^{n}(Lat_i, Lon_i) \tag{3.3}$$

对于点 P（Lat_i，Lon_i）$\in A$，当 P 产生细微偏移时，如（Lat_i，Lon_i）$\rightarrow$（$Lat_i + \varepsilon$，Lon_i）（$\varepsilon < r$），那么 $A \rightarrow A'$，即实体 A 变为一个新的实体 A'。这

种细微偏移可能是数据采集过程中的主观性误差导致的，也可能是数字化转换过程中引入的机器误差，总之，该现象极为普遍且难以避免。设 *Num*（*Lat*，*Lon*）表示地球空间中点的个数，则它们可组成的实体个数可能为：

$$Num(Object) = 2^{Num(Lat,Lon)} \tag{3.4}$$

在连续空间中，点的个数具有不可数的特性，即 *Num*（*Lat*，*Lon*）→∞，故 *Num*（*Object*）→∞。

可见，无限连续的地球表面质点带来了空间实体的无限量特性，这也是形成空间大数据的一个重要因素——“海量”，使大数据量下以实体对象为基础单位的数据表达、组织与计算与数据量呈正相关关系。但需要注意的是，现实空间中并不存在真实的点和线。

（二）地理空间的离散性决定了空间实体的有限性

在离散数学理论中，离散空间中的元素一般是有限个或可数个。地球地理空间本身就体现了区域的整体一致性和可分性的统一，具有离散性特征（王家耀等，2011；程承旗等，2012），决定了任何一个空间区域都可以被细分成若干子区域，无论多小的空间在本质上都应该带有区域信息。宏观上，地球作为一个天体，其内部具有圈层结构，其地表由陆地和海洋组成；陆地由森林、农田、城市、水体等组成；而森林又由乔木、灌木等树木组成。微观上，物质世界都是由各种不同层次的粒子组成，并且粒子还可以再被逐次细分为分子、原子、原子核、电子、中子、质子、夸克、中微子等，具有逐层分割性。然而，经纬度体系对空间实体的抽象方式与其离散性相矛盾。

另外，特别指出的是，经纬度点的连续（无限）性与屏幕像素坐标的离散（有限）性之间的矛盾也是直接导致空间要素绘制问题的主要原因。

综上所述，要想解决传统空间数据模型存在的问题，需要突破目前对空间实体的认知，回归现实空间的本质，以新的理论、方法来调和空间实体连续性与地球空间离散性之间的矛盾，发展新型空间数据模型，以适应空间数据在新时代背景下的一体化表达、统一组织、高效计算与空间展示需求。

中篇　理论篇

第四章
相关研究现状

第一节　空间数据模型研究现状

GIS 领域通常这样定义空间数据模型：它是关于空间数据组织的概念和方法，反映现实世界中空间实体及其相互之间的联系，是描述空间数据组织和进行空间数据库设计的理论基础（邬伦等，2001）。另一种定义是：为了能够利用地理信息系统工具来解决现实世界中的问题，首先必须将复杂的地理事物和现象抽象到计算机中进行表示、处理和分析，其结果就是空间数据模型。空间数据模型类似于一种语言，是说明和描述空间数据、数据间关系、数据语义、数据一致性、数据操纵等的一种方法（陈军，2007）。

在 GIS 发展历史上，出现了多种空间数据模型，从早期的矢量数据模型到栅格数据模型，再到时下的热点模型，如时空数据模型、超媒体数据模型等。实践表明，对现有空间数据模型认识和理解的正确与否，在很大程度上决定着地图管理系统研制或应用空间数据库设计的成败，而对空间数据模型的研究深入程度，又直接影响着新一代地图平台的发展水平（Dutton G.，1991）。因此，空间数据模型一直是国内外学术界和产业界的前沿研究课题。

按照模型产生的背景，可将其划分为基础型数据模型和扩展型数据模型。其中，基础型数据模型包括矢量数据模型、栅格数据模型和矢栅一体化模型，矢栅一体化模型是一种融合了矢量、栅格模型的混合数据模型，因而，栅格和矢量数据模型是 GIS 传统和基础的两种数据组织形式（叶圣涛、保继刚，2009）。虽然这两种基本模型在相应的商业 GIS 软件（如 Arc/Info，

Genamap，TIGER 等）中都已经得到较好的支持，然而它们本身仍然在不断发展中。

（1）矢量数据模型。为了存储和管理大范围多模式的矢量数据，关丽等提出了基于球面剖分格网体系的矢量数据组织模型（关丽等，2009）；通过分析病原体传播特征，Eisen 对矢量数据模型进行了改进。

（2）栅格数据模型。为了实现栅格数据的时空一体化存储，吴正升等（2010）提出了基于二维游程码的栅格基态修正模型；为了进一步提升栅格系统的处理速度，孟庆武等针对常规二维游程码存在的问题，提出了基于 Morton 码的数据模型（孟庆武等，2011）；通过分析地标数据的存储特征，Xie 等在此基础上构建了相关地理栅格模型。

（3）矢栅一体化模型。1992 年，龚健雅提出了“矢栅一体化”概念（龚健雅，1992），充分发挥矢量、栅格数据模型的优势；高懿洋提出了一体化的空间数据模型，兼具面向数字制图数据模型和面向 GIS 空间分析数据模型的基本特征（高懿洋，2009）。

针对基础型数据模型在特殊领域应用的缺陷，很多与应用结合密切的数据模型涌现，作为对基础型模型的扩展，比较有代表性的是时空数据模型、三维数据模型和全球多尺度数据模型。

（1）时空数据模型。在一些应用领域中，需要表达地理现象随时间推移而发生的变化，而这种支持数据的实时动态更新和分析预测的模型，就是时空数据模型。1992 年，GOODCHILD 提出联合时间和空间的思路，为时空 GIS 的出现带来了可能（GOODCHILD M. F. and SHIREN Y. A.，1992）；2012 年，GOODCHILD 提出了 GIS 地学表达的统一理论，试图合并面向对象的和面向场的表达方式（GOODCHILD M. F.，2012）；NOKIA 在申请美国专利时，采用 Clifford 代数对时空数据进行编码；Jie Chen 和 Shih-Lung Shaw 等人则利用 ArcGIS，开发了时态 GIS 系统，通过整合交通事件和时间维度，提供了一个时空聚类的多层次方法。在时空 GIS 研究方面，国内起步略晚。在借鉴国外研究成果的基础上，国内研究迅速发展：陈军和黄明智分别对非第一范式时空模型开展了研究，龚健雅提出了面向对象的时空数据建模方法，杜道生等提出了基于同步数据项和碎分拓扑弧段时间标记的时空数据模型。在实际应用方面，尹章才等研究了一种适合土地划拨应用的时空数据模型，并论述了地理时间在 GIS 中的模拟方法（尹章才等，2005）；袁林旺等基于 Clifford 几何代数理论，基于时空统一框架，构建了支撑地理全景分析的数据模型，对时间、空间与属性进行一体化的表达与建模（袁林旺，2005），为拓展时空一体化的 GIS 平台提供了新的思路。

（2）三维数据模型。目前已经建立的三维数据模型可以分为表面模型和体模型两种类型，其中，表面模型可进一步划分为点集模型、线框模型和面片模型三种，而体模型可划分为实体模型和体元模型两种。领域实践方面，文小岳等提出了针对三维空间的数据模型，开展了可视化分析研究；三维地质方面，胡金虎等研究了 G-maps 拓扑数据模型的三维地质建模方法。随着研究的深入，三维数据模型的建立开始借鉴相关技术和标准，如 Kolbe 等发展了基于标记语言的三维数据模型。遗憾的是，不同领域三维数据模型的发展是相互独立的，无法满足三维空间 GIS 的社会化服务和跨部门、跨行业的数据融合需求，严重制约了数据的共享。因此，构建一个统一的三维数据模型是当前国内外学者的研究目标。目前，Google Earth 和微软 Bing 地图等均支持三维电子地图。

（3）多尺度数据模型。此外，针对海量的 GIS 空间数据，有关学者提出了适用于数据融合的多尺度数据模型。李德仁院士首先提出了多尺度网格数据组织的思路，陈静讨论了全球多尺度空间索引和多级金字塔模型的空间数据组织方法等问题（陈静等，2011），龚健雅等基于经纬度的地理坐标系构建了全球数据无缝组织和集成的空间基准，Bjorke 探讨了利用四边形格网组织全球数字高程的方法；贲进和韦程等人提出了基于球面六边形格网的全球多尺度数据组织管理模型，并探讨了该模型下的相应空间计算算子的实现和多尺度无缝衔接问题。

综上所述，目前已经存在多种空间数据模型，但随着大数据时代的到来，它们在行业应用与服务中局限性渐显，这是因为与空间或时空相关的信息系统较少且复杂。各行业、业务领域分别采用各自的信息系统，如环保、林业、农业，均按照传统关系型数据库来组织，而这些信息里蕴含了一定量的空间位置属性，要想利用 GIS 来探索时空规律，必须将现有数据导入专业的时空数据库中，将带来频繁的导入、导出与转换等操作，代价较大。但是，面向空间大数据组织管理的数据模型与方法研究已经取得了可喜进展，其中研究剖分数据模型，搭建剖分型地理信息系统，正是针对该问题提出的一种解决方案。

第二节 地球剖分研究现状

地球剖分格网是一种科学简明的空间参考系统，具有全球完备覆盖、空间多分辨率、层次嵌套结构、编码运算等特性，是对现有地理空间参考系统和其他专用空间参考系统的补充。其基本思路是将球面按层次递归剖分为形状相似和面积近似相等的面片，采用每个面片对应的编码代替地理坐标在球面上进行各种操作（贲进，2006）。图 4 - 1 列举了地球剖分思想的发展历程。

地球剖分格网系统（GOODCHILD M. F.，2012）可按格网线生成原理分为经纬格网系统［如 ETOP01 数据的格网（AMANTE C. and EAKINS B. W.，2013）、GeoSOT 全球等经纬度剖分网格体系（程承旗等，2012）等］和正多面体格网［正八面体三角格网（GOODCHILD M. F.，SHIREN Y. A.，1992）、立方体四边形格网（ALBIRZI H. and SAMET H，2000）、二十面体菱形格网（WHITE D.，2000）、二十面体六边形格网（VINCE A.，2006；童晓冲等，2007；童晓冲，2010 等］和自适应格网系统。近年来，为了使同一层次格网的面积近似相等，国内外学者提出了变间隔的经纬格网剖分（赵学胜等，2012）。一些著名的国际组织和面向全球的国际科学活动也设计了有针对性的变经纬度全球格网（例如用于气候模拟、海洋模拟、冰川模拟的格网系统）（李正国，2012）。图 4 - 2 为典型的地球剖分格网示意。

格网编码既表示了位置，又表达了比例尺和精度，因而更适合处理全球多尺度的问题，有助于数据统一建模、按需重组，在结构上支持多尺度数据

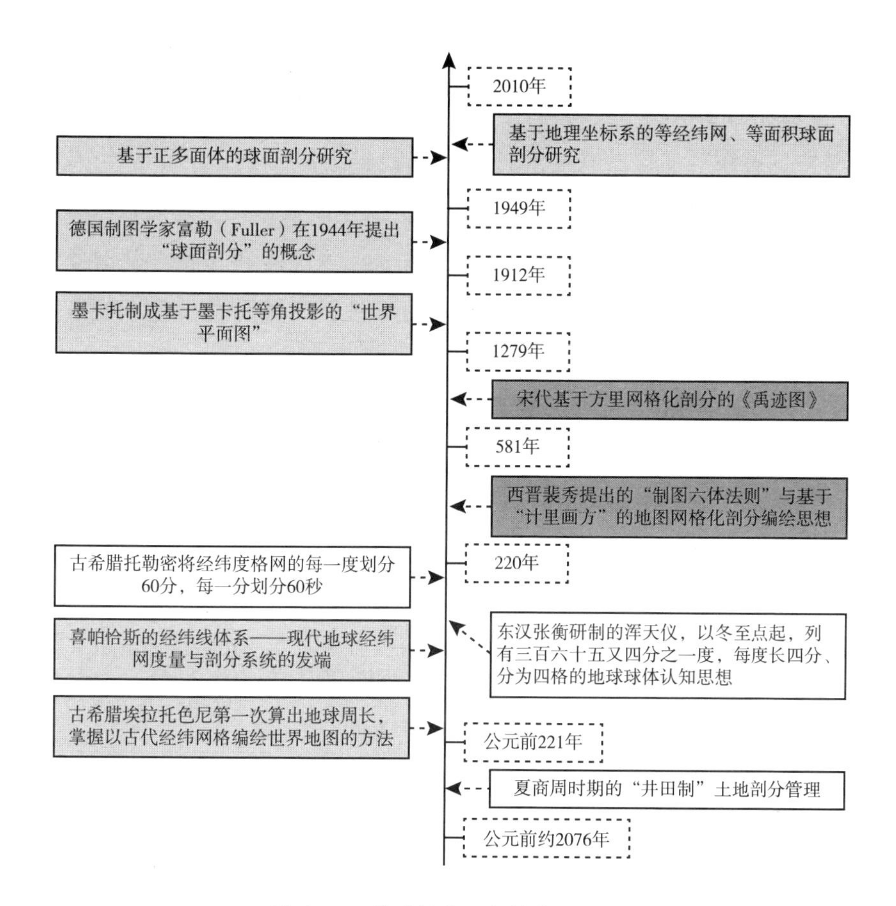

图 4－1　地球剖分思想的发展历程

表达，更适合高效并行处理，从而满足空间数据表达和管理的需要，能够支持地理空间信息发现，并弥补当前空间数据共享和应用中的不足。

鉴于此，2007 年，北京大学程承旗团队基于地球剖分理论提出了全球地理信息系统（G2IS）架构（程承旗、郭辉，2007），并于 2012 年提出了“空间剖分组织”的概念（程承旗等，2012）。随后，针对多源数据在 GeoSOT 剖分参考框架下的表达、组织、管理、分发等技术与应用层面展开深入研究，探索了剖分格网在气象水文、减灾、地理国情监测等业务数据组织中的应用方法（陈润强，2012；郭昕阳，2013；辛海强，2014）。2013 年，基于 GeoSOT 的编码代数体系（金安，2013）被提出，利用二进制位运算实现空间数据到网格的映射，使剖分理论研究向前迈了一大步；2014 年，“剖分型地理信息系统”（杨帅，2014）的概念与体系架构被提出，以“数据—网格—操作”三层关联模式打破传统数据组织形式，为下一代 GIS 的诞生奠定了理论与技术基础，基于地球剖分的空间数据模型呼之欲出，如图 4－2 所示。同时，还有一些学者研究了基于正多面体剖分和三维剖分的数据建模：2010 年，童晓冲基于球面正六边形格网，研究了矢量、栅格数据的格网建模方法，发现其在数据计算、表达等方面均体现出一定的优势（童晓冲，2010）；2013 年，吴立新团队提出了基于地球系统空间格网的全球大数据空间关联与共享服务思想（吴立新等，2013），进一步佐证了剖分数据模型作为大数据背景下新一代 GIS 平台组织基础的优势。

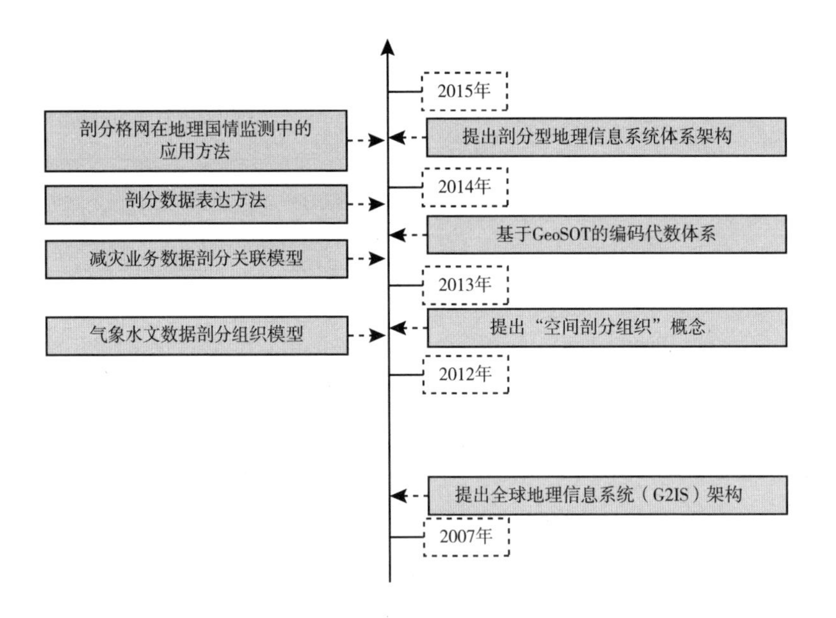

图 4－2　剖分数据模型的研究历程

然而，目前对于剖分数据模型的研究大多仍需依赖经纬度坐标，通过建立矢量、栅格数据与剖分格网之间的映射关系，以辅助传统空间数据模型的角色，构建格网与矢量/栅格并存的混合数据模型，并未将剖分数据模型视为贯穿数据组织、管理、表达等的独立、完整的数据模型。

例如，空间操作往往以经纬度为输入，对剖分格网的模型应用需依次经历经纬度转换为格网（集）编码、格网计算与分析、计算结果转换为经纬度，频繁的转换运算严重影响了剖分格网的使用效率和效果。

第三节　大数据存储与管理技术现状

目前，大数据已成为国内外各行业占领市场的核心竞争力。以处理海量异构数据、挖掘数据价值为核心的大数据技术如雨后春笋般地出现，其中不乏传统成熟技术在大数据中的复用，同时，也催生了存储与管理方面新技术。具有良好横向扩展能力的分布式架构成为顺应大数据时代要求的数据存储与管理架构（陈翀，2013）。

（一）分布式文件系统

2006 年，Google 为满足本公司需求开发了基于 Linux 的专有分布式文件系统 GFS（Google File System）（王旭东，2012），它是构建于大量廉价的服务器之上的可扩展的分布式文件系统，通过数据分块、追加更新等方式实现海量数据的高效存储（王秀磊、刘鹏，2013）。随后，在 GFS 的基础上设计了 Colosuss 系统，解决 GFS 单点故障和海量小文件存储的问题。

除了 GFS，众多的企业和学者纷纷对满足大数据不同存储需求的文件系统进行了详细的研究。Apache 公司推出的 Hadoop 包含 HDFS，采用一台服务器对元数据集中管理，适合于大数据的读写，但可扩展性受限；加州大学圣克鲁兹分校的 Sage weil 博士研发的 Ceph，利用一组服务器集群来管理元数据信息，但尚未成熟；SUN 公司开发的 Lustre 是一种大规模、安全可靠的集群文件系统，可以支持超过 10000 个节点，数以 PB 计的数据量存储系统（李彦南，2013）；专为大规模集群应用的 Clover，适合于构建高可扩展和高可用的存储系统；为满足海量小文件存储需求，淘宝采用的 TFS（Taobao File System），处理文件大小不超过 1M，能够为外部提供高可靠和高并发的存储访问（李林，2011）；NoSQL 数据库 MongoDB 中的 GridFS，是将文件内容以 4MB 为单位分块存储，不仅存储文件，还记录文件属性信息；

Facebook 推出了专门针对海量小文件的文件系统 Haystack（BEAVER D. et al.，2010），通过多个逻辑文件共享同一个物理文件，增加缓存层，部分元数据加载到内存等方式解决了海量小文件存储的问题。

（二）分布式数据处理系统

按照处理模式的不同，数据处理系统分为批处理和流处理两种（KUMAR R.，2012）。

批处理模式采用先存储后处理方式，最有代表性的是 Google 提出的 MapReduce。MapReduce 编程模型通过 <key，value> 存储模型存储任意格式的数据，用 Map 和 Reduce 两个基本的函数接口实现自动的并行化和各种复杂的数据处理功能，为大量非结构化数据的处理提供了高效的处理框架。目前，大多数的研究致力于从硬件、索引与调度机制方面来提升 MapReduce 性能；此外，Yunhong Gu 等人设计了 Sector and Sphere 云计算平台（GU Y. H. and GROSSMAN K.，2009）。批处理模式适合处理大批量静态数据。

流处理模式采用直接处理方式，尽可能快地对最新的数据做出分析并给出结果（方巍等，2014），在互联网领域得到快速推广，有代表性的是 Twitter 的 Storm、Yahoo 的 S4（NEUMEYER L. et al.，2010），以及 Linkedin 的 Kafka（GOODHOPE K.，2012）等。流处理模式有利于提升大数据处理的及时性，实现实时处理（陈翀，2013）。

（三）分布式数据库系统

面对在大数据中占绝大多数的非结构化数据，Google 率先提出了 BigTable 数据库系统解决方案，运用一个多维数据表，通过行、列关键字和时间戳来查询定位（潘瑾琨，2012），为用户提供了简单的数据模型，用户可以自己动态控制数据的分布和格式。随后，Yahoo！提出了 PNUTS（COOPER B. F. et al.，2008），而 Amazon 提出了 Dynamo（DECANDIA G. et al.，2007），它们将非关系型数据库推上国内外的研究热潮。非关系型数据库主要指的是 NoSQL 数据库，它具有以下特征：模式自由、支持简易备份、简单的应用程序接口、一致性、支持海量数据。目前典型的非关系型数据库分为四类，它们的对比情况如表 4－1 所示。

表 4-1 典型 NoSQL 数据库性能对比

类 别	相关数据库	性能	扩展性	灵活性	复杂性	优点	缺点
Key-Value	Redis Riak	高	高	高	无	查询高效	数据存储缺乏结构
Column	HBase Cassandra	高	高	中	低	查询高效	功能有限
Document	CouchDB MongoDB	高	可变	高	低	对数据结构限制小	查询性能低
Graph	OrientDB	可变	可变	高	高	图算法高效	数据规模小

资料来源：（王秀磊、刘鹏，2013）。

综上所述，目前已经产生了大量的大数据存储、管理和分析技术，但是这些技术大多数是针对文本数据、属性数据、图像图形数据的，在空间大数据的处理方面往往不能够直接应用。值得注意的是，大数据技术中的数据分块存储、分布式架构、并行计算、分治网格分析等思想对于研究空间大数据的存储、管理、分析与展示具有借鉴意义，而且已经取得了一些成果。2011年，充分利用现有的空间数据查询处理算法，廖浩均提出并实现了基于分布式文件系统的空间索引（Spatial Access Methods，SAMs），并且以 HDFS 系统为存储支撑技术，构建了基于分布式文件系统的空间矢量数据查询处理的框架，已应用于由中科院研制的织女星地理信息系统（VegaGIS）；2013 年，刘义结合 Map Reduce 并行计算模型的特点，利用并行空间划分函数，构建了一种基于分辨率和空间范围自动匹配的瓦片金字塔索引，提高了大规模批量遥感影像的查询效率……这些研究大多基于空间数据的传统处理方法，通过方法改造来适应大数据技术的应用条件，却鲜少从改变数据模型的角度开展相关研究。

第五章
剖分数据模型

第一节　建立剖分数据模型的思路

针对大数据背景下传统空间数据模型存在的问题，本节将在分析国内外研究现状的基础上，依托地球剖分理论，通过改变对现实世界的抽象方式，提出一套新型空间数据模型——剖分数据模型，旨在提出一种更适用于大数据的空间数据组织体系，改变传统地理信息系统的数据组织、管理、处理与生产模式，为发展新型空间信息服务平台提供核心理论和技术支撑。

与以往（图 5 - 1 中的阶段一）研究的剖分数据模型不同，本章对剖分数据模型重新定位（图 5 - 1 中的阶段二）：一方面，剖分数据模型是一种贯穿数据组织、管理、表达等的独立、完整的数据模型，不再扮演辅助传统空间数据模型的角色；另一方面，以格网作为实体描述的基本单元，为实体设计剖分表达与存储结构，保留实体的区域特性，是真正的基于地球剖分格网的结构化数据模型。

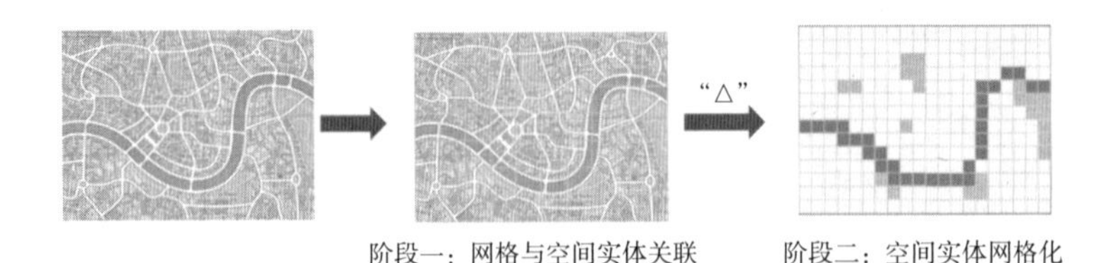

图 5 - 1　总体思路

综合以上分析，对于构建一个面向大数据的空间数据模型，解决传统数据模型在空间大数据环境中遇到的实际应用问题，满足空间信息的关联共享与高效应用服务的需求，地球剖分理论提供了最具潜力的解决方案。

剖分数据模型的总体思路：以格网作为空间参考基准，用格网编码代替经纬度坐标来描述、组织、表达空间实体，用简单高效的整型编码位运算取代复杂的经纬度浮点运算。

在剖分空间中，格网是数据组织的基础单元，空间实体被抽象为多尺度格网的集合，即

$$A = \cup_{i=1}^{n} Code_i \quad (5.1)$$

其中，$Code_i$表示实体 A 覆盖的格网$Cell_i$所对应的编码，格网$Cell_i$则对应于经纬度空间中的一个区域范围 R = $[min\ Lat_i,\ max\ Lat_i) \times [min\ Lon_i,\ max\ Lon_i)$ 内。此时，若点 $P(Lat_i,\ Lon_i) \in Cell_i \in A$，当 P 产生细微偏移时，如 $P(Lat_i,\ Lon_i) \to P'(Lat_i + \varepsilon,\ Lon_i)$，且 $\varepsilon < max\ Lat_i - Lat_i$，仍有 $P' \in Cell_i \in A$，即偏移前后实体 A 的空间描述并未发生改变，一定程度上避免了数据采集、制图等过程中带来的主观性误差与机器误差等，提高了实体描述的一致性。

此外，在由格网构成的离散剖分空间中，实体被关联至其覆盖的格网集合，即多尺度格网的任意排列组合均可表达一个实体对象。理论上，剖分格网的尺度可无限细分，那么小至一粒沙、大至整个地球均可关联至格网集合。该空间能描述的实体数量最多为：

$$Num(Object) = 2^{Num(Code)} \quad (5.2)$$

其中，$Num(Code)$ 表示剖分空间中格网的个数，它是各尺度格网的数量之和。虽然当格网尺度极小时，该尺度下球面格网的个数极大，但仍然是可数（有限）的，故剖分空间中实体数量也是有限的，即 $Num(Code) \to Max$，$Num(Object) \to Max$。

可见，离散的剖分格网保留了空间实体的有限性，同时打破了空间实体之间的屏障。在数量有限的球面格网中，格网的空间位置与范围可根据其编

码来唯一确定，但格网的属性信息可以根据实体的属性信息不断增加与更替，这样才可以承载日益增长的大数据，将全球“大”数据变为每个格网中的“小”数据。

第一，空间数据的结构化表达。以格网作为数据表达的基本单元，空间实体由其覆盖的格网集合来表达，那么一个实体与其内部实体的隶属关系直接反映在它们所覆盖格网的包含关系中，实现了内、外部实体的格网结构化一体表达。

第二，空间数据的格网化组织。以格网作为数据组织的基本单元，以格网编码作为属性数据库表的主键——ID 码，每个格网中记录与之关联数据的属性信息。由于格网编码建立在一定的空间区位上，不同场景下 ID 码的取值由其空间信息决定，不再随机；同时，空间信息与属性信息共同记录在属性数据表中，直接支持面向区域和属性的协同查询。

第三，空间数据的编码化计算。剖分格网“化整为零”地将空间实体进行了划分，每个格网承载了与之关联的各种属性信息，经纬度体系下复杂的空间计算均可转化为剖分格网编码的匹配或运算，其算法复杂度与实体的几何复杂度无关且适合于并行计算。如判断两条河流是否相交，传统的基于经纬度的解决思路是将两条河流视为两个线或面对象，以经纬度点串的形式记录其空间位置，判断两个对象是否相交；而在剖分数据模型中，河流流经的格网单元被赋予了该河流的属性记录，通过格网编码的匹配，判断研究区域内是否存在一个格网同时具有这两条河流的属性即可，有效地降低了算法复杂度。

第四，空间数据的多尺度展示。在海量数据背景下，地图反映的是数据的空间分布特征，而地球剖分格网具有天然的统计优势，能够以格网化的电子地图来表达数据的空间分布特征，增强了大数据环境下海量地理要素的可读性与可视化效果，还将能力拓展到地球三维立体空间及更高的时空维度；以格网作为要素绘制的基本单元，建立屏幕分辨率与格网尺度，以及格网与屏幕像素点之间的对应关系，保持像素点始终恰好对应一个格网，那么像素之间的跨度直接反映为格网之间的跨度，无须考虑每个像素代表的空间尺度，且不存在偏移即可准确显示。

总之，本章将提出面向空间大数据的数据模型——剖分数据模型，该模型以地球剖分格网作为实体抽象化描述的基本单元，以格网编码作为空间实体之间、多源异构数据之间的关联纽带，以格网编码运算代替经纬度运算，力求解决传统数据模型在实际应用中存在的问题。

因此，结合地球剖分理论，从空间数据模型的角度出发，针对大数据环境下传统空间数据模型存在的问题，本章从以下几个方面开展研究，主要内容如下。

第一，剖分数据模型的总体框架与详细设计。空间数据模型是复杂的地理事物和现象在计算机中进行表示、处理和分析的结果，它在计算机中的抽象化依赖于人类对现实世界的认知。以经纬度坐标为空间参考框架的数据模型，由于经纬度点的连续性空间实体具有无限性，为实体表达、组织、计算和绘制带来了困难，而且这些困难在大数据的“海量”“异构”特点下显得尤为突出。然而，现有的解决思路大多局限在研究混合模型以及硬件性能的提升等方面，鲜少从空间认知的角度重新审视现实世界的抽象描述方式。因此，本章提出剖分数据模型的研究思路与总体架构，并且针对模型的各个层次拟解决的问题，分别阐述模型的详细设计，对实现剖分数据模型在行业大数据中的应用奠定了重要的理论基础。

（1）剖分数据模型的总体框架。剖分数据模型是以格网作为空间参考基准，用格网编码代替经纬度坐标来描述、组织、表达空间实体的独立模型。选择一套科学合理的地球剖分参考框架是建立剖分数据模型的重要前提，一定程度上影响着模型的具体实现与应用方法。

（2）剖分数据模型的详细设计。从现实世界的抽象化到实体之间关系的描述，再到实体的物理存储与操作，是建立空间数据模型的三个必要环节，因此，针对实体格网化抽象、格网化关系描述和格网化存储与操作三个层面的问题，分别研究剖分数据模型的详细设计。

第二，剖分数据模型的科学性论证与分析。从正确性、完备性和一致性三个方面展开理论分析，论述剖分数据模型解决传统数据模型在大数据环境下存在问题的方法与优势，分析剖分数据模型的科学性，探索空间数据的剖分服务模式。

（1）剖分数据模型的正确性论证与分析。模型的正确性体现在传统空间数据剖分建模的可行性、剖分数据编码化计算的可行性与高效性，以及海量数据多尺度展示的合理性，分析该模型是否能够解决传统数据模型存在的问题。

（2）剖分数据模型的完备性论证与分析。模型的完备性体现在两个方面，一是能否支持不同形态实体剖分建模的完备性分析，二是能否支持不同精度实体剖分建模的完备性分析。

（3）剖分数据模型的一致性论证与分析。模型的一致性主要体现在实体及其内部表达的一致性。

第三，剖分数据模型的试验验证与分析。基于剖分型 GIS 试验平台开展相关试验，设计模型的具体实现方法与步骤，进一步验证模型的可行性和适用条件，为建立基于剖分数据模型的空间大数据 GIS 平台提供核心技术支撑。

第二节 剖分数据模型的总体框架

剖分数据模型是基于地球剖分参考框架，以剖分格网作为基本单元，集空间数据表达、组织、管理、计算与分析于一体的新型空间数据模型。本节首先介绍剖分数据模型的基本概念及总体架构，并阐述选择 GeoSOT 剖分格网体系作为球面剖分参考框架的独特优势；然后，分别从概念层、逻辑层和物理层三个层次，研究地理实体的数学描述及剖分编码结构，给出实体的剖分映射原理及实体之间关系的描述方法，并提出支持各类基础空间操作的剖分编码计算体系；最后，介绍剖分数据的物理存储结构，给出剖分数据在数据库中的关联方法。

一 剖分数据模型的基本概念

地球剖分把地球表面划分成面积近似相等和形状相似、既无缝隙也不重叠的多层次离散格网体系，从而形成空间的层次性递归划分以及剖分格网在地球空间中的多尺度嵌套关系。同时，为了记录和区分这些格网单元，为每一个剖分格网单元赋予唯一的编码。由此形成的格网与编码则构成了一种空间参考系——地球剖分参考框架。2009 年，“剖分数据模型”这一名词被首次提出，从逻辑数据模型的角度将剖分数据模型定义为一种多层次、多尺度的基于全球网格划分的数据组织方式（程承旗、郭辉，2009）。2014 年，杨帅从概念数据模型的角度定义了剖分数据模型，将该模型附加在传统的矢量、栅格数据模型之上，通过建立空间实体与剖分格网之间的映射关系来结构化地描述空间实体（杨帅，2014），这种建模思想很难突破传统数据模型的瓶颈，无法最大限度地发挥地球剖分的优势，通常被视为剖分数据模型的过渡期。

本章研究的剖分数据模型，是基于地球剖分参考框架，以格网作为实体抽象化描述的基本单元，建立各种空间数据与多尺度格网之间的逻辑映射关系，并以一定的编码运算规则支持面向空间区域的操作，从而实现对现实世界的多层次、多尺度格网化建模。因此，得到剖分数据模型的数学描述：在剖分空间中，设 G 为格网编码，A 为格网属性，二者共同构成了剖分数据模型 S（G，A）。其中，G 隐含空间区位信息，是实体空间描述的基本单元；（G，A）是格网与属性数据组成的二元组，表示格网 G 具有属性 A，即数据 = G + A。

二　剖分数据模型的三层架构

根据空间数据模型的架构体系，建立剖分数据模型将主要涉及三个层面的问题：一是空间实体的格网化抽象，即设定剖分空间描述现实世界的规则，用离散的格网“拼”出纷繁复杂的世界万物；二是实体之间关系的描述，即对空间实体之间的关系描述，将点、线、面状实体映射至剖分空间，从而以剖分格网之间的空间关联关系来描述剖分实体之间的关系；三是面向操作的实体存储结构与约束设计，即为“格网化”的实体提供物理存储与查询等操作规则，以适应 GIS 在空间大数据应用与服务中的一体化组织需求。

针对以上三个层面的问题，依托地球剖分理论，构成了包含概念层、逻辑层和物理层的剖分数据模型三层架构体系，分别对应于实体剖分表达、剖分实体之间的关系描述和剖分实体存储结构，重点突破传统空间数据模型存在的短板与瓶颈，如图 5－2 所示。

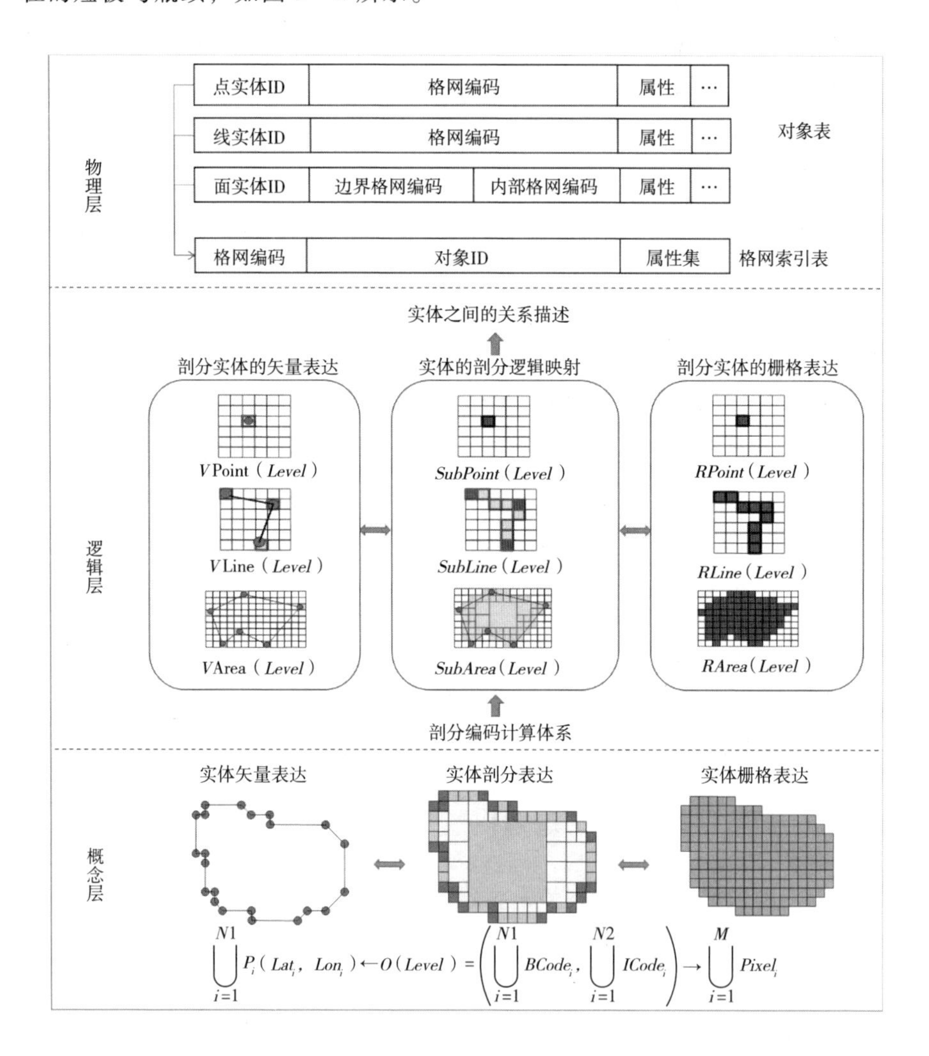

$$\bigcup_{i=1}^{N1} P_i(Lat_i,\ Lon_i) \leftarrow O(Level) = \left(\bigcup_{i=1}^{N1} BCode_i,\ \bigcup_{i=1}^{N2} ICode_i\right) \rightarrow \bigcup_{i=1}^{M} Pixel_i$$

图 5－2　剖分数据模型的总体架构

（1）剖分数据模型的概念层：对现实世界中实体的抽象，重点解决如何对空间实体格网化抽象的问题。以全新的视角建立数学模型，将格网作为参量，建立现实世界到剖分空间的映射函数，利用格网集合描述空间实体。同时，设计实体编码结构，为空间实体赋予统一的多尺度编码，不仅为海量数据提供多尺度表达，还能够实现实体内、外部的一体化表达。

（2）剖分数据模型的逻辑层：建立实体之间的关联关系，重点解决剖分化实体之间关系描述的问题。剖分数据模型中，点、线、面实体均可逻辑映射到剖分空间，将实体之间的关联关系转换为多尺度剖分格网集合之间的关系，其实质是基于格网编码的空间计算，该计算直接作用于格网，与实体几何复杂度无关，而是与实体的覆盖范围、表达精度有关，编码运算将充分提高剖分数据模型在实际应用中的计算效率。

（3）剖分数据模型的物理层：面向操作的实体存储结构与约束设计，重点解决剖分实体在计算机中的底层描述问题。以剖分数据结构为基础的存储方式，建立了地理空间在计算机存储空间中的映射关系，可以作为多源空间数据关联的纽带，建立以格网编码为主键的格网索引表，为用户提供融合、实用、高效的空间信息服务。

因此，利用地球剖分原理，剖分数据模型将地球表面按照一定规则划分成一系列的格网，每一个格网单元均具有空间和属性的双重内涵，空间实体覆盖了哪些格网单元，则用该格网单元（集合）的编码作为其空间位置的标识，其属性信息也将映射至该格网单元中。那么，海量多源的空间大数据可以统一到球面空间格网中进行统一组织与集成管理，便于用户快速查询和检索。可见，球面格网的划分规则将直接影响数据的组织、管理、表达与分析。

三　GeoSOT 格网作为剖分空间参考框架的优势分析

选择一套科学的地球剖分参考框架是建立剖分数据模型的重要前提，也决定着模型的具体实现与应用方法。等经纬度球面剖分格网具有连续性、稳定性、层次性和近似均匀性等优点，既有效避免了传统平面格网表达全球数据时存在的数据冗余问题，又克服了不规则球面剖分格网无法进行层次关联的缺陷，在管理全球、多层次和海量的空间数据时具有优势（宋树华等，

2008）。

本章选择由北京大学程承旗教授团队提出的全球等经纬度球面剖分格网体系——2n 一维整型数组地理坐标的全球剖分参考网格（Geographical coordinate global Subdivision grid with One-dimension-integer on Two to nth power, GeoSOT）（程承旗等，2012；程承旗、付晨，2014）作为剖分数据模型的参考框架，如图 5－3 所示。它的核心思路是：通过三次地球扩展（将地球表面真实空间扩展为 512°×512°、将 1°扩展为 64′、将 1′扩展为 64″）实现整度、整分的四叉树划分，格网间隔依次为｛29°、28°、27°、26°、25°、24°、23°、22°、21°、20°、25′、24′、23′、22′、21′、20′、25″、24″、23″、22″、21″、20″、2～1″、2～2″、2～3″、2～4″、2～5″、2～6″、2～7″、2～8″、2～9″、2～10″、2～11″｝，从而形成一个上至全球（0 级）、下至厘米级边长（32 级）的多尺度网格体系（程承旗、付晨，2014）。

在 GeoSOT 格网划分的基础上，按照“Z”序为每个格网赋予层次性编码，编码形式主要有四进制一维数组（如图 5－4）、二进制一维数组（四进制编码的二进制形式）和二进制二维数组（二进制一维数组的交叉分组）三种，均由度级、分级、秒及秒小数三部分组成。例如，四进制一维形式的编码 12，其二进制一维形式的编码为 0110，二进制二维形式的编码为（01，10）。

之所以选择 GeoSOT 格网作为剖分数据模型的空间参考框架，是因为其具有以下两个方面的优势。

一方面，作为一种等经纬度球面剖分格网，GeoSOT 格网具备该类格网体系的共性特征。①全球无缝无叠。GeoSOT 是基于经纬度体系的全球剖分，球面任一位置或区域至少归属于一个格网，且同一层级的任意两个格网之间不相交。②格网粒度丰富。GeoSOT 包含 32 级规则格网，格网粒度最小可至 1.5cm（赤道附近），且理论上可继续细分，完全能够满足空间实体描述的精度需求。③多尺度嵌套与关联。GeoSOT 经由四叉树递归剖分形成，相邻层级的格网之间具有严丝合缝的嵌套关系，小尺度的 4 个格网即可聚合成更大尺度的 1 个格网，满足空间实体描述、表达和计算的多尺度需求。

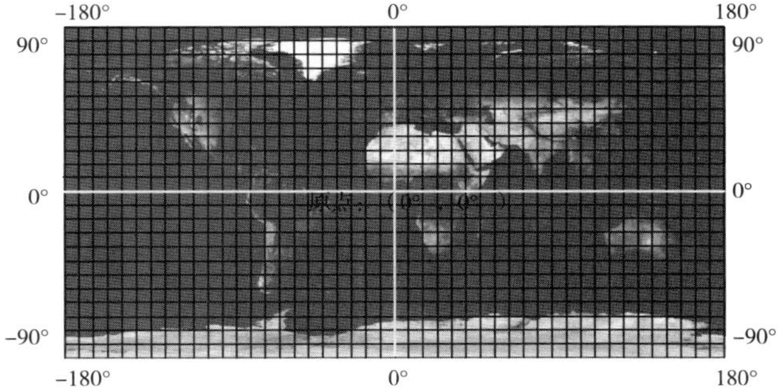

GeoSOT参考框架柱状展开示例（第6级8°×8°）

GeoSOT参考框架参数表

层级	网格大小	赤道附近大致尺度	数量	层级	网格大小	赤道附近大致尺度	数量
G	512°网格	全球	1				
1	256°网格	1/4地球	4	17	16"网格	512米网格	3649536000
2	128°网格		8	18	8"网格	256米网格	14598144000
3	64°网格		24	19	4"网格	128米网格	'45132160万
4	32°网格		72	20	2"网格*	64米网格	20528640万
5	16°网格		288	21	1"网格*	32米网格	82114560万
6	8°网格	1024公里网格	1012	22	1/2"网格*	16米网格	328458240万
7	4°网格*	512公里网格	3960	23	1/4"网格	8米网格	1313832960万
8	2°网格*	256公里网格	15840	24	1/8"网格	4米网格	5255331840万
9	1°网格*	128公里网格	'263360	25	1/16"网格	2米网格	21021327360万
10	32'网格	64公里网格	253440	26	1/32"网格	1米网格	84085309440万
11	16'网格	32公里网格	1013760	27	1/64"网格	0.5米网格	336341237760万
12	8'网格	16公里网格	4055040	28	1/128"网格	25厘米网格	1345364951040万
13	4'网格	8公里网格	'314256000	29	1/256"网格	12.5厘米网格	5381459804160万
14	2'网格*	4公里网格	57024000	30	1/512"网格	6.2厘米网格	21525839216640万
15	1'网格*	2公里网格	228096000	31	1/1024"网格	3.1厘米网格	86103356866560万
16	32"网格	1公里网格	912384000	32	1/2048"网格	1.5厘米网格	344413427466240万

注：①上下级网格面积之比为4：1；
②★代表组成测绘、气象、海洋、国家地理网格等的基础网格（BAC网格）。

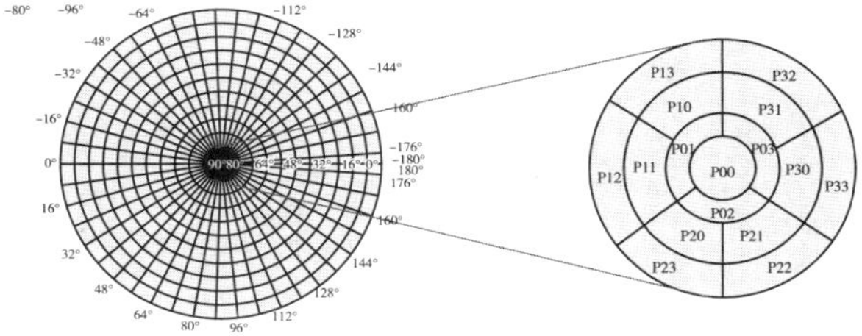

GeoSOT参考框架极点展开示例（第6级8°×8°）

GeoSOT参考框架极地示例（第6级）

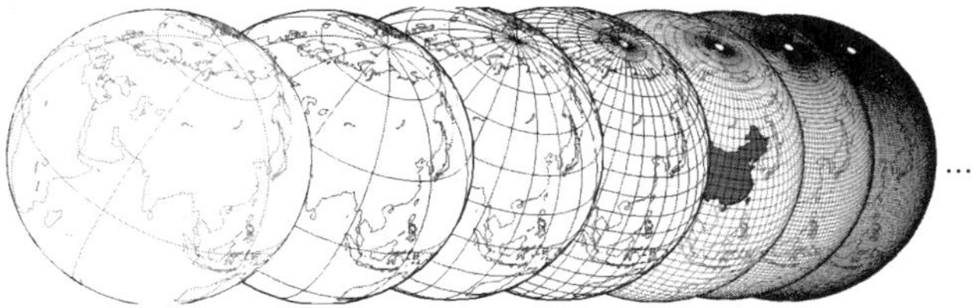

GeoSOT参考框架32级部分网格示例

注：①参考框架剖分原点在（0°,0°）；②坐标参考基准：CGCS2000大地坐标系；
③地球剖分方法：经纬度空间三次扩展四叉树剖分；④剖分编码：2ⁿ一维整型编码。

图5－3　GeoSOT地球剖分参考框架示意（程承旗等，2012）

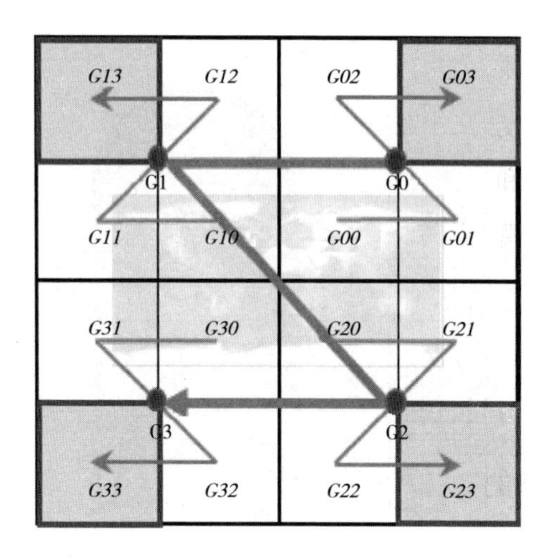

图 5-4 GeoSOT 格网编码示意

另一方面，GeoSOT 格网具备不同于其他等经纬度剖分格网体系（如 Google Earth、WorldWind 等）的三个特点，奠定了其作为地球剖分参考框架的特殊优势。①良好的继承性。GeoSOT 格网可无缝、无叠、无冗余地恰好聚合为经纬度坐标体系、大多数的行业格网，极大程度地继承历史数据，实现传统数据模型与剖分数据模型的无损高效转换。②便于存储、索引的二进制一维编码。GeoSOT 采用二进制一维编码，不仅大大降低了空间区位的存储空间，还为数据的空间查询提供了简洁的一维索引字段。③一套科学高效的编码代数体系。GeoSOT 提供了一套基于格网编码的代数运算方法，摆脱了复杂的经纬度浮点运算，将格网编码作为输入与输出，为基于格网的空间计算与分析奠定了理论基础。

鉴于此，为便于剖分数据模型研究的实例化，本章选择 GeoSOT 剖分格网体系作为剖分数据模型的参考框架，提出剖分数据模型的具体实现方法。

第三节 剖分数据模型概念层

从现实世界到计算机系统，首先要做的是概念数据模型的建立。概念数据模型反映了人们对现实世界的认知与理解，是从现实世界到人类大脑世界的映射，通过抽取用户的共性需求，用统一的语言来描述和集成各用户视图，对后期的建设起着先导性作用。目前广为采用的是要素（点、线、面、体）模型和场模型，两种模型各有优缺点。因此，一方面采用集成式方法，将两种模型配合使用，另一方面则继续探索新的数据模型。本章研究的剖分概念数据模型正是一种新型的球面格网模型，它在表达多尺度空间实体时，不仅兼具要素模型和场模型的特点，而且能与二者相互转换。

一　地理实体的抽象化描述

1. 基本思想

现实空间中的任何地物均覆盖一定的区域范围，具有区域性。描述一个地理实体的覆盖区域，需要考虑两个因素：一是表达精度，精度是衡量实体描述详略程度的重要指标；二是实体区位，区位是一定精度下实体覆盖的区域范围和地理位置。

在剖分数据模型中，实体抽象为剖分格网的集合。这是因为，格网作为剖分空间的基本单元，具有明确的区域性，格网集合可构成任意形状的区域。同时，格网层级越高（大），尺度越小，对任意几何形状的刻画越细致，即格网层级反映实体描述精度，本章将刻画实体的最高（大）层级 r 称为该实体的精度层级。此外，实体的剖分格网集合可以进一步细分为边界格网和内部格网两个部分，其中，边界格网是对空间范围的约束，因精度和人为因素的影响而存在不确定性，它将空间划分为内、外两个区域，而一定精度下的内部格网具有确定性。

2. 地理实体的数学描述

在地球剖分空间，地球表面被划分成面积近似相等和形状相似、既无缝隙也不重叠的多层次离散区域，每一个离散区域即一个球面格网。设格网体系$\mathbb{C}=\{C_0, C_1, \cdots C_i, \cdots C_n\}$，$C_i=\{C_{i0}, C_{i1}, \cdots C_{ij}, \cdots C_{in_i}\}$ 表示第 i 层级的所有格网，且对第 i 层级的任意两个格网C_{is}、C_{it}（$s \neq t$），均有$C_{is} \cap C_{it} = \varphi$。

若地理实体 *Object* 的覆盖区域为 O，其精度层级为 r，则该实体在剖分空间中可描述为第 r 层级格网的集合：

$$O(r) = \cup_{C_{ri}\cap O\neq\phi}^{i\leq n_r} C_{ri} \tag{5.3}$$

其中，C_{ri}表示层级为 r 的剖分格网，n_r表示实体覆盖的第 r 层级格网个数，该式几何含义如图 5－5（a）所示。

进一步地，若 $O = \{\partial O, O^{\circ}\}$，∂O 表示 O 的边界，O°表示 O 的内部，那么，该实体可描述为由边界格网集合与内部格网集合组成的二元组，实现地理实体边界与内部的一体化表达：

$$O(r) = (\partial O, O^{\circ}) = (\cup_{C_{ri}\cap\partial O\neq\phi}^{i\leq n_{r1}} BC_{ri}) \cup (\cup_{C_{rj}\subset O^{\circ}}^{j\leq n_{r2}} IC_{rj}) \tag{5.4}$$

其中，BC_{ri}、IC_{rj}分别表示层级为 r 的实体边界、内部格网，n_{r1}、n_{r2}分别表示实体边界、内部覆盖的第 r 层级格网个数，该式几何含义如图 5－5（b）所示。

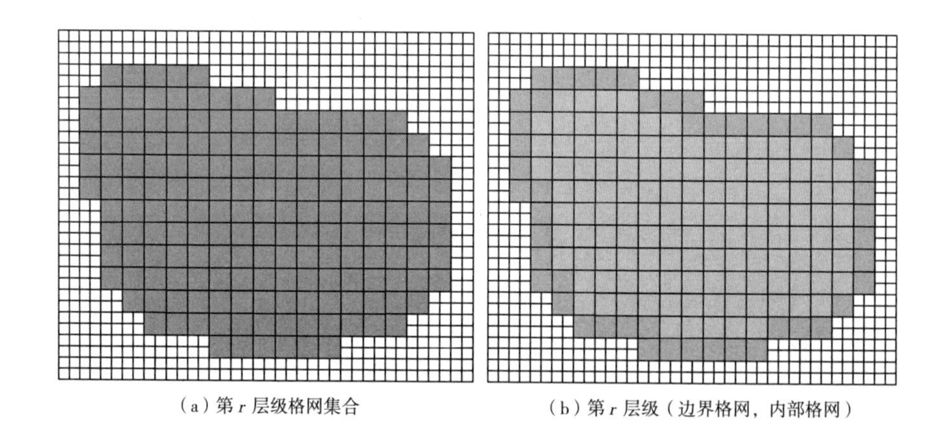

（a）第 r 层级格网集合　　（b）第 r 层级（边界格网，内部格网）

图 5－5　地理实体的两种描述方式示意

综上所述，在剖分空间中，地理实体可抽象为式（5.5）和式（5.6）所示的两种表达形式，它们均采用单一层级的格网集合来描述空间实体，前者将实体视为一个整体，后者则根据格网的确定性而将实体划分为边界和内部两个部分，二者对实体的表达具有一致性。

值得注意的是，若将图 5－5（a）中的每一个格网映射至一个像素坐标，即$C_{ri} \rightarrow Pixel_i$时，式（5.4）可转化为：

$$\lim_{C_{ri} \rightarrow Pixel_i} O(r) = \lim_{C_{ri} \rightarrow Pixel_i} \cup_{C_{ri} \cap O \neq \emptyset}^{i \leqslant n_r} C_{ri} = \cup_{Pixel_i \cap O \neq \emptyset}^{i \leqslant n_r} Pixel_i \tag{5.5}$$

那么，实体的剖分描述可转换为栅格表达方式；

同时，若在图 5－5（b）中的每一个边界格网中选取一个经纬度点来代替该格网，即$BC_{ri} \rightarrow P_i$（Lat_i，Lon_i）时，式（5.5）可转化为：

$$\begin{aligned} & \lim_{\substack{BC_{ri} \rightarrow P_i(Lat_i, Lon_i) \\ IC_{rj} = \emptyset}} O(r) \\ & = \lim_{\substack{BC_{ri} \rightarrow P_i(Lat_i, Lon_i) \\ IC_{rj} = \emptyset}} (\cup_{C_{ri} \cap \partial O \neq \emptyset}^{i \leqslant n_{r1}} BC_{ri}) \cup (\cup_{C_{rj} \subset O^\circ}^{j \leqslant n_{r2}} IC_{rj}) \\ & = \cup_{P_i(Lat_i, Lon_i) \cap \partial O \neq \emptyset}^{i \leqslant n_{r1}} P_i(Lat_i, Lon_i) \end{aligned} \tag{5.6}$$

那么，实体的剖分描述也可转换为矢量表达方式。

可见，从概念层来看，剖分数据模型是一种独立于矢量、栅格的数据表达模型，且在一定的表达精度下，该模型与后两者可相互转换。

对于含有空洞等复杂情况的非连通区域，空间实体的边界格网由多个边界格网集合组成，为便于分析，集合之间需要分隔开。

上面对地理实体的空间信息进行了剖分化描述，格网记录了实体的空间信息，空间信息与属性信息（G，A）共同构成空间数据。因此，若与格网$Cell_i$（其编码为$Code_i$）关联的属性集为$Atts_i$，则剖分数据可描述为：

$$Data(r) = \cup_{C_{ri} \cap O \neq \emptyset}^{i \leqslant n_r} (C_{ri}, Atts_{ri}) \tag{5.7}$$

或

$$Data(r) = [\cup_{C_{ri} \cap \partial O \neq \emptyset}^{i \leqslant n_{r1}} (BC_{ri}, Atts_{ri}), \cup_{C_{rj} \subset O^\circ}^{j \leqslant n_{r2}} (IC_{rj}, Atts_{rj})] \tag{5.8}$$

以式（5.8）为例，当实体覆盖的第 r 层级格网个数$n_r = 1$时，$Data$（r）=（C_{ri}，$Atts_{ri}$），即数据由单个格网及其属性集构成，该数据称为一个“格元”；当实体覆盖的每一个第 r 层级格网属性均为 $Atts$ 时，$Data$（r）=$\cup_{C_{ri} \cap O \neq \emptyset}^{i \leqslant n_r}$（$C_{ri}$，$Atts$），即数据由属性相同的一组格网构成，该数据即一个“对象”。因此，剖分数据模型具有两种数据形式——格元与对象。

二 地理实体的编码结构设计

根据剖分数据模型对地理实体的描述，格网是构成实体的基本单元，可以用格网编码为实体赋予“身份”标识，即实体编码。实体编码的作用主要体现在两个方面：一是区分与记录实体，二是参与空间计算与分析，因此，该编码应遵循以下原则。

原则一：精度一致原则。精度作为地理实体的一个重要特性，直接影响着实体的计算、查询与分析等操作结果，精度值越高，该实体的计算结果越准确，因此，地理实体编码应保持精度一致性。

原则二：编码唯一原则。在测量精度、表达精度和编码规则一定的情况下，实体编码存在唯一性。

原则三：元素精简原则。地理实体编码实质上是格网编码的集合，编码的记录需要考虑其存储大小，集合中的元素个数应尽量精简。

针对以上原则，分析上一节提出的两种实体抽象化描述方式，可以发现：若直接采用实体覆盖格网的编码集合作为实体编码，两种方式均满足编码唯一、精度一致原则。但是编码元素存在冗余，边界和内部格网可以进一步优化、精简：一方面，在保留实体表达精度的基础上，考虑以尽可能少的边界格网来表征边界的几何形状，而刻画实体边界必不可少的格网称为边界特征格网，第四章将给出其明确的数学定义；另一方面，一般情况下，边界格网将球面空间划分为两个连通区域，仅依靠边界格网无法确定实体归属哪个区域，而从内部格网集合中选取一个格网即可区分。然而，采用一个格网来代替内部格网集合，将在编码反解中出现内部格网的填充问题，为此应尽可能地缩小待填充区域，结合剖分格网的多尺度特性，先采用多尺度格网来聚合内部格网集合，再选取尺度最大的格网（最大内含格网）来代替内部格网集合。同时，为满足编码设计的唯一性原则，内部格网的选择应遵循一定的规则。

因此，地理实体编码采用边界特征格网编码集合和一个内含格网编码构成的有序二元组来表达，即（*ECodes*，*ICode*），几何含义如图 5 - 6 所示。

其中，*ECodes*（Eigen-CodeSet）是边界特征格网编码集，*ICode*（Interior-Code）是最大内含格网编码。特别地，当*ECodes*元素个数为1时，*ICode*取值为空（*null*），实体编码简化为单个格网编码。在标识实体或记录其空间信息时，采用精简的编码集合*EI_ Codes*；而在面对实体的空间计算与分析时，快速将实体编码EI_ Codes反解为其覆盖的所有格网编码Codes，以支持后续基于格网的空间操作。地理实体编码可以用一个结构体来定义和记录，如表5－1所示。

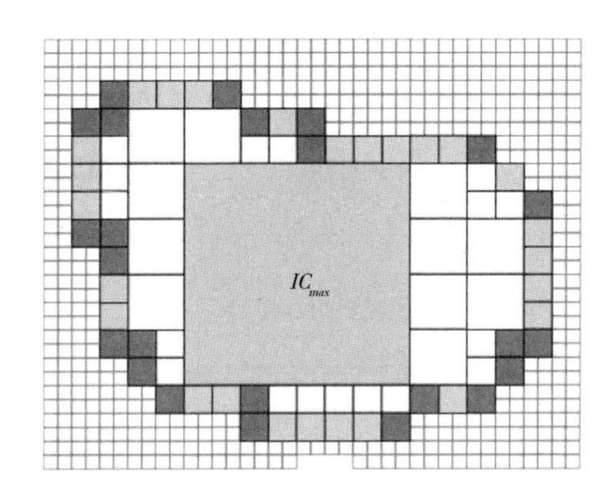

图5－6　地理实体编码的几何含义

表5－1　地理实体编码结构说明

```
Class GeoOID{
    public List < unsigned_int64 > Codes;  //实体覆盖的精度层级格网编码集合
    public struct EI_Codes  //实体编码
      {public List < unsigned_int64 > ECodes;  //边界特征格网编码集合
        public unsigned_int64 ICode;  //最大内含格网编码}
}
```

第四节　剖分数据模型逻辑层

剖分数据模型逻辑层是对实体之间关系的抽象化描述。根据概念层中的实体格网化描述方式，剖分实体之间的关系实质上是格网集合之间的关系，因此，本节在分析空间实体剖分映射原理的基础上，提出剖分实体之间的空间关系描述，并探讨了基于格网编码的空间计算体系，支持格网化实体之间的关系计算。

一　空间实体的剖分逻辑映射

实体剖分编码是实体的抽象表达形式，而实体剖分映射是各种实体在剖分空间中的逻辑映射方法。在剖分空间中，任何地理实体均占据一定的空间区域。按照几何结构特点，可以将空间实体划分为点状实体、线状实体和面状实体三种基本类型，而其他复杂的空间实体可由以上三种基本类型组合而成。本节分别研究点、线、面状实体在剖分空间中的组织与表达方式，阐述空间实体的剖分逻辑建模思路。

（一）空间实体的剖分映射原理

1. 点状实体在剖分空间中的映射

现实世界中并不存在真正的点，而是在一定的数据精度条件下，实体的长度和面积足够小，则将其抽象为点。如图 5－7 所示，在剖分空间，点状实体 SubPoint 映射为精度层级 *Level* 下的一个格网 *Code*，即

$$\begin{cases} SubPoint(Level) = (\cup_{i=1}^{n1} B\ Code_i) \cup (\cup_{i=1}^{n2} I\ Code_i) \\ \qquad\qquad\qquad = Code, Code \in C_{Level} \\ Point\_Att = Atts_{Code} \end{cases} \tag{5.9}$$

其中，*Point_Att* 表示 Point 的属性，$Atts_{Code}$ 表示 *Code* 的关联属性集合。由式（5.9）可知，一个点状剖分实体的属性继承其映射格网的关联属性。

若采用表 5－1 中设计的剖分实体编码（*ECodes*，*ICode*）来记录点状实体，边界特征格网集 *ECodes* 中的元素个数为 1，且 *ICode* = ø，故点状剖分实体的编码仍然是 *Code*。

$$\begin{cases} VPoint(Level) = \boxplus_{i=1}^{1} E\ Code_i = Code \\ Point\_Att = Atts_{Code} \end{cases} \tag{5.10}$$

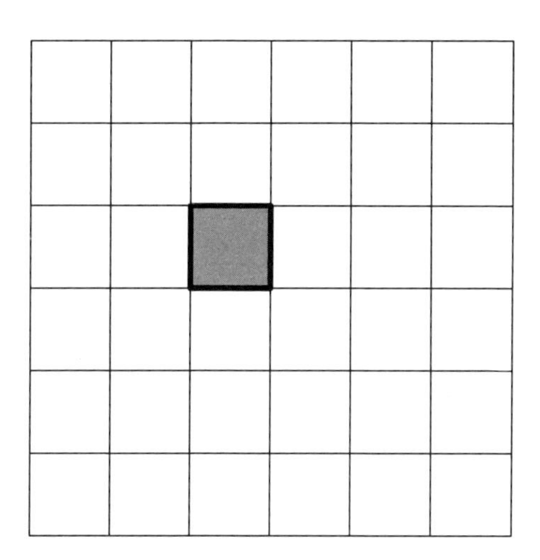

图 5－7　点状实体的剖分逻辑映射结果示意

2. 线状实体在剖分空间中的映射

线状实体是将一组点实体按照一定的顺序依次连接而得到的一维实体，该实体无内部格网。如图 5－8 所示，在剖分空间，线状实体 SubLine 映射为精度层级 *Level* 下的单一尺度格网集合 *Codes*，即

$$\begin{cases} SubLine(Level) = \cup_{i=1}^{n1} B\ Code_i, B\ Code_i \in C_{Level} \\ Line\_Att = \{Atts_{Code1}, Atts_{Code2}, \cdots, Atts_{Coden}\} \end{cases} \tag{5.11}$$

其中，$Line\_Att$ 表示 Line 的属性，$Atts_{Codei}$ 表示 *Codei* 的关联属性集合。由式（5.11）可知，一个线状剖分实体的属性继承其映射格网集合的所有关联属性。

采用剖分实体编码（*ECodes*，*ICode*）来记录线状实体，$ICode = \varnothing$，边界特征格网的有序集合构成了剖分实体编码，即

$$\begin{cases} SubLine(Level) = \boxplus_{i=1}^{m} E\ Code_i, ECode_i \in C_{Level} \\ Line\_Att = \{Atts_{Code1}, Atts_{Code2}, \cdots, Atts_{Coden}\} \end{cases} \tag{5.12}$$

在空间信息描述方面，式（5.12）与线状实体的矢量化表达形式一致，仅记录线状实体的结点信息；但是，在属性信息描述方面，剖分线状实体的

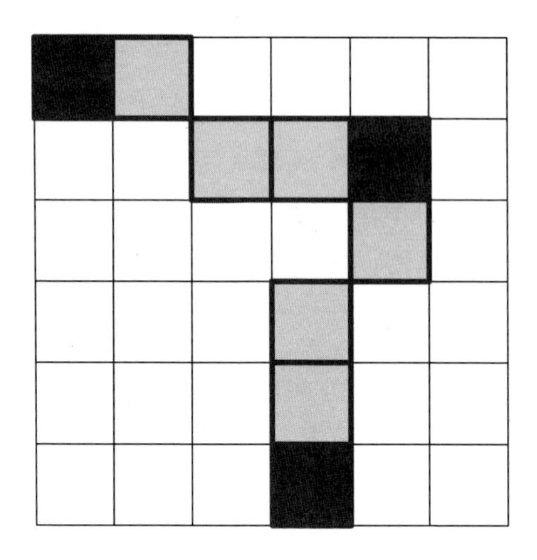

图 5-8 线状实体的剖分逻辑映射结果示意

属性信息包括其穿过的所有精度层级格网的关联属性，这是与传统矢量记录方式的本质区别。

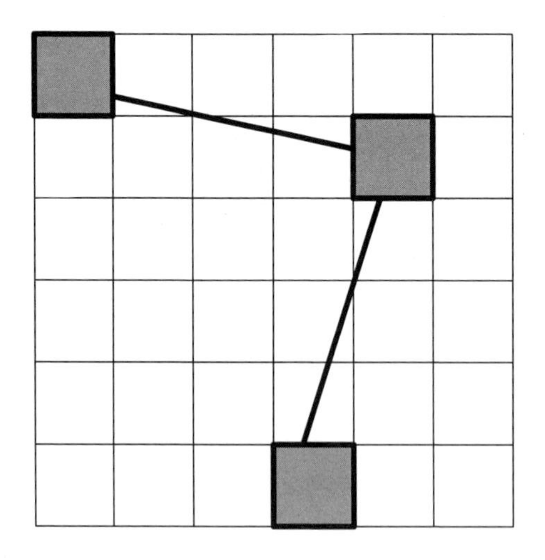

图 5-9 线状实体的剖分矢量表达效果示意

3. 面状实体在剖分空间中映射

面状实体是将一组点实体按照一定的顺序依次连接而得到的封闭且连通

的二维实体，该实体的剖分逻辑映射格网分为边界和内部格网两个部分。如图 5－10 所示，在剖分空间，面状实体 SubArea 映射为精度层级 *Level* 下单尺度边界格网集合 *BCodes* 和多尺度内部格网集合 *ICodes*，即

$$\begin{cases} Area(Level) = (\cup_{i=1}^{n1} B\ Code_i) \cup (\cup_{i=1}^{n2} I\ Code_i), I\ Code_i \in \mathbb{C} \\ Area\_Att = \{Atts_{Code1}, Atts_{Code2}, \cdots\} \end{cases} \tag{5.13}$$

其中，*Area_ Att* 表示 Area 的属性，$Atts_{Codei}$表示 *Codei* 的关联属性集合。由式（5.13）可知，一个面状剖分实体的属性继承其映射格网集合的所有关联属性。

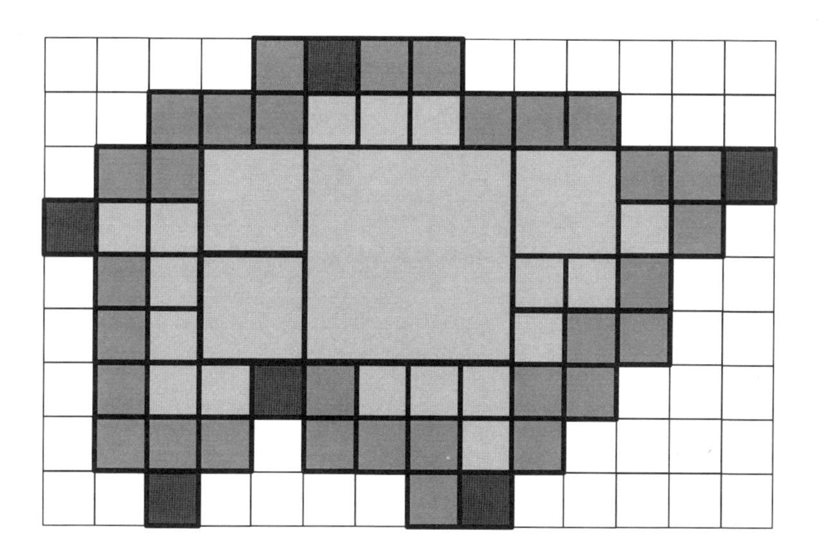

图 5－10 面状实体的剖分逻辑映射结果示意

采用剖分实体编码（*ECodes*，*ICode*）来记录面状实体，边界特征格网的有序集合 *ECodes* 和一个最大内含格网 *ICode* 共同构成了剖分实体编码，即

$$\begin{cases} SubLine(Level) = (\boxplus_{i=1}^{m} E\ Code_i) \cup ICode, ECode_i \in C_{Level} \\ Line\_Att = \{Atts_{Code1}, Atts_{Code2}, \cdots, Atts_{Coden}\} \end{cases} \tag{5.14}$$

在空间信息描述方面，式（5.14）与面状实体的矢量化表达形式一致，记录面状实体轮廓的结点信息，并给出面内一点来区分实体的内部与外部，

如图 5 - 11 所示；但是，在属性信息描述方面，剖分面状实体的属性信息包括其覆盖的所有格网的关联属性，这是与传统矢量记录方式的本质区别。

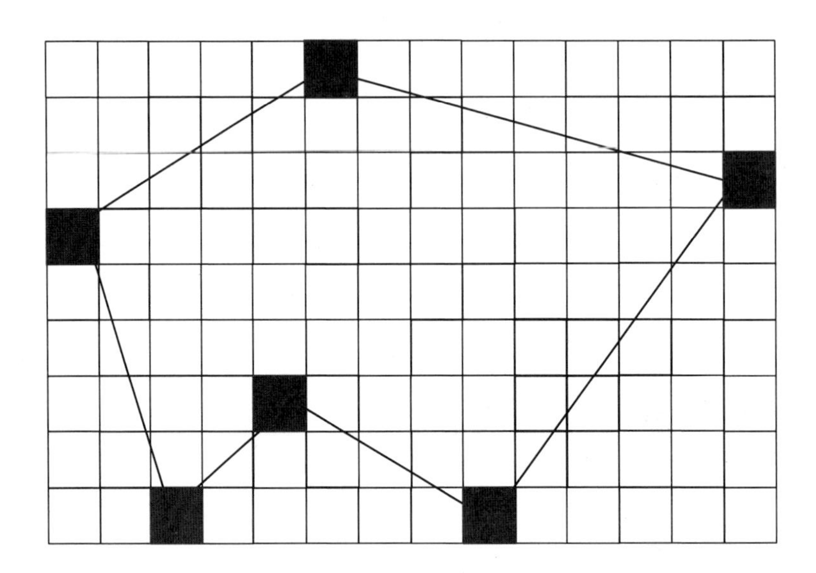

图 5 - 11　面状实体的剖分矢量表达效果示意

另外，当面状实体的剖分逻辑映射格网均转化为精度层级 Level 下的单一尺度格网，即式（5.15）中的 $I\ Code_i \in \mathbb{C}$替换为 $I\ Code_i \in C_{Level}$时，得到面状实体的剖分栅格表达形式，如图 5 - 12 所示，式（5.15）同时记录了面状实体的轮廓与内部信息，与传统栅格记录方式一致。

$$\begin{cases} Area(Level) = \cup_{i=1}^{n} Code_i, Code_i \in C_{Level} \\ Area_{Att} = \{Atts_{Code1}, Atts_{Code2}, \cdots\} \end{cases} \tag{5.15}$$

（二）地理实体的编码生成算法

设在精度层级 r 下，空间实体剖分描述为：

$$O = \{\partial O, O^{\circ}\} = (\cup_{C_{ri}\cap \partial O \neq \phi}^{i\leq n_{r1}} BCell_{ri}, \cup_{C_{rj}\subset O^{\circ}}^{j\leq n_{r2}} ICell_{rj}) \tag{5.16}$$

其对应的格网编码集合为 $O\_\ Code = \{\partial O\_\ Codes,\ O^{\circ}\_\ Codes\}$，其中，$\partial O\_\ Codes = \{BCode_0,\ BCode_1,\ \cdots,\ BCode_m\}$ 和 $O^{\circ}\_\ Codes = \{ICode_0,\ ICode_1,\ \cdots,\ ICode_n\}$ 均为 r 层级连通格网的编码集合。因此，根据单一尺度格网集合生

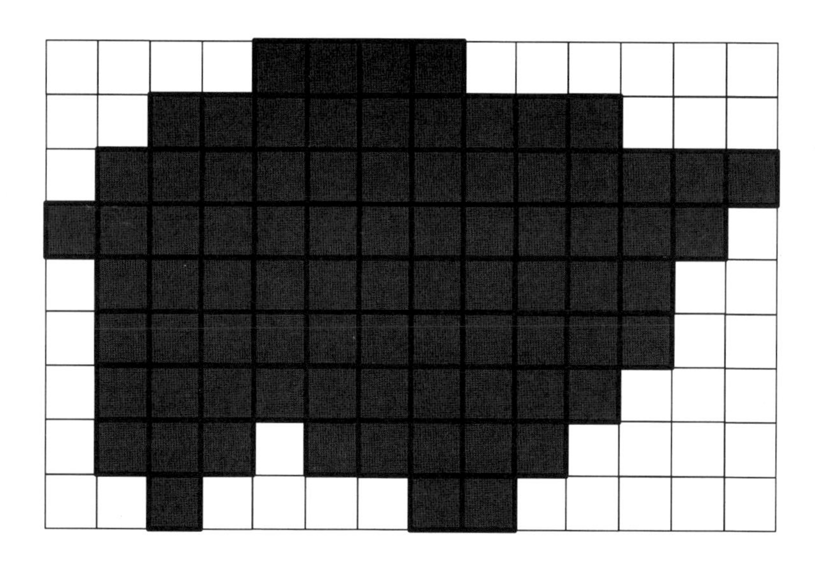

图 5-12 面状实体的剖分栅格表达效果示意

成多尺度实体编码（*ECodes*，*ICode*），$ECodes = \{ECode_1, ECode_2, \cdots, ECode_p\}$，需建立两个映射关系：

$$\begin{cases} f: \partial O\_Codes \rightarrow ECodes \\ g: O^{\circ}\_Codes \rightarrow ICode \end{cases} \tag{5.17}$$

1. 筛选边界特征格网 f：$\partial O\_\ Codes \rightarrow ECodes$

边界特征格网：设一组格网 $ECells = \{ECell_1, ECell_2, \cdots, ECell_n, ECell_{n+1}\}$，$ECell_{n+1} = ECell_1$。定义二元运算符“田”：$ECell_i$田$ECell_{i+1}$表示$ECell_i$至$ECell_{i+1}$的最短路径所穿过的格网集合，包括$ECell_i$和$ECell_{i+1}$。若$田_{i=1}^{n} ECell_i = O_{边界}$，$田_{i \neq j, i=1}^{n} ECell_i \neq O_{边界}$（$1 \leqslant j \leqslant n$），则称这组格网 *ECells* 为实体 O 的边界特征格网。边界特征格网是边界格网的子集：$ECells \subset O_{边界}$，是表征区域几何属性的最少格网集合。因此，边界格网集合到边界特征格网集合的映射，就是在保留几何特征的前提下，尽量减少格网数量。结合格网的精度一致原则，边界格网集合转换为所有相邻特征格网的填充集合之并，使描述边界的格网数量最少：

$$\partial O = \cup_{i=1}^{p}(ECell_i \boxplus ECell_{i+1})(ECell_{p+1} = ECell_1) \tag{5.18}$$

边界格网$BCell_i$为特征格网的判断依据：设格网$BCell_i$的前后相邻格网为$BCell_{i-1}$和$BCell_{i+1}$，若$BCell_{i-1} \boxplus BCell_{i+1} \neq BCell_{i-1} \cup BCell_i \cup BCell_{i+1}$，即$BCell_{i-1}$和$BCell_{i+1}$之间最短路径并非恰好仅途经$BCell_i$，则$BCell_i$为特征格网。

筛选边界特征格网的实质：由于边界格网具有连续性，一个边界格网与其前后相邻格网之间的相对关系有六种情形，如5－13所示，深灰色格网$BCell_i$为研究对象，两个浅灰色格网为研究对象的相邻格网$BCell_{i-1}$和$BCell_{i+1}$，浅色边框表示由$BCell_{i-1}$（$BCell_{i+1}$）至$BCell_{i+1}$（$BCell_{i-1}$）须穿过的格网。图5－13（a）～（c）中，$BCell_{i-1}$和$BCell_{i+1}$之间最短路径并未途经$BCell_i$，$BCell_{i-1} \boxplus BCell_{i+1} = BCell_{i-1} \cup BCell_{i+1}$，若去掉深灰色格网$BCell_i$，区域边界将缺少一个拐点，$BCell_{i-1} \boxplus BCell_{i+1}$对该段实体的几何特征描述不准确，此时深灰色格网是特征格网；图5－13（d）中，$BCell_{i-1}$和$BCell_{i+1}$之间最短路径不仅途经$BCell_i$，还穿过一个非边界格网，$BCell_{i-1} \boxplus CellB \supseteq (BCell_{i-1} \cup BCell_i \cup BCell_{i+1})$，若去掉深灰色格网$BCell_i$，区域边界将无法由$BCell_{i-1} \boxplus BCell_{i+1}$恢复，此时深灰色格网是特征格网；图5－13（e）～（f）中，$BCell_{i-1}$和$BCell_{i+1}$之间最短路径恰好仅途经$BCell_i$，$BCell_{i-1} \boxplus BCell_{i+1} = BCell_{i-1} \cup BCell_i \cup BCell_{i+1}$，若去掉深灰色格网$BCell_i$，区域边界仍可由$BCell_{i-1} \boxplus BCell_{i+1}$恢复，此时深灰色格网不是特征格网。

通过以上分析可知，从边界格网集筛选边界特征格网实质上是去掉了以下三种情形的格网：

$$(a)\ BCode_{i-1}\_B = BCode_i\_B = BCode_{i+1}\_B; \tag{5.19}$$

$$(b)\ BCode_{i-1}\_L = BCode_i\_L = BCode_{i+1}\_L; \tag{5.20}$$

$$\begin{aligned}(c)\ &(BCode_{i-1}\_B - BCode_i\_B)(BCode_i\_B - BCode_{i+1}\_B) = 1 \\ &and\ (BCode_{i-1}\_L - BCode_i\_L)(BCode_i\_L - BCode_{i+1}\_L) = 1。\end{aligned} \tag{5.21}$$

其中，$BCode_i_B$表示$BCode_i$的纬向编码，$BCode_i_L$表示$BCode_i$的经向编码。若格网编码$BCode_i$满足以上三种情形中的任意一种，则不是边界特征

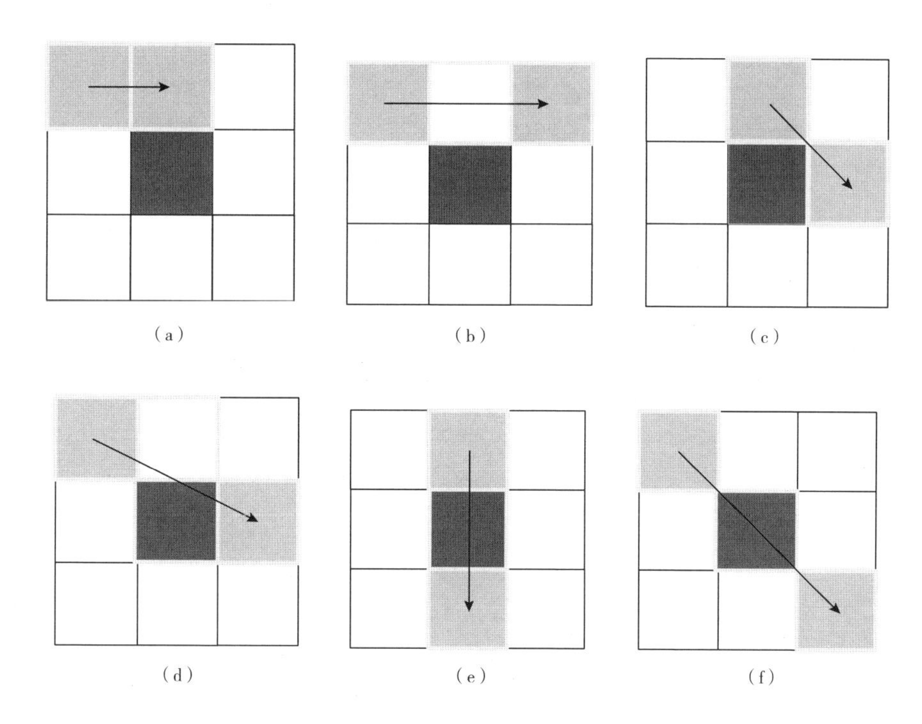

图 5－13 一个边界格网与其前后相邻格网的相对关系示意

格网。

因此，根据实体边界格网$\partial O_Codes=\{BCode_0, BCode_1, \cdots, BCode_m\}$筛选边界特征格网 $ECodes=\{ECode_1, ECode_2, \cdots, ECode_p\}$ 的具体步骤：

Step1：令 $i=1$，$j=1$，$BCode_{m+1}=BCode_0$；

Step2：计算$BCell_{i-1}$⊞$BCell_{i+1}$，判断边界格网$BCell_i$是否为特征格网，若是，则$ECode_j=BCode_i$。$i++$，$j++$，重复 Step2，直至 $i>m$；

Step3：集合 $ECodes$ 为∂O 的边界特征格网集。

如图 5－14 所示，依序判断图中的边界格网，深灰色格网为逐个筛选得到的边界特征格网。

对于含有空洞的实体，边界特征格网 $ECodes$ 是实体外边界特征格网和内边界特征格网的并集。

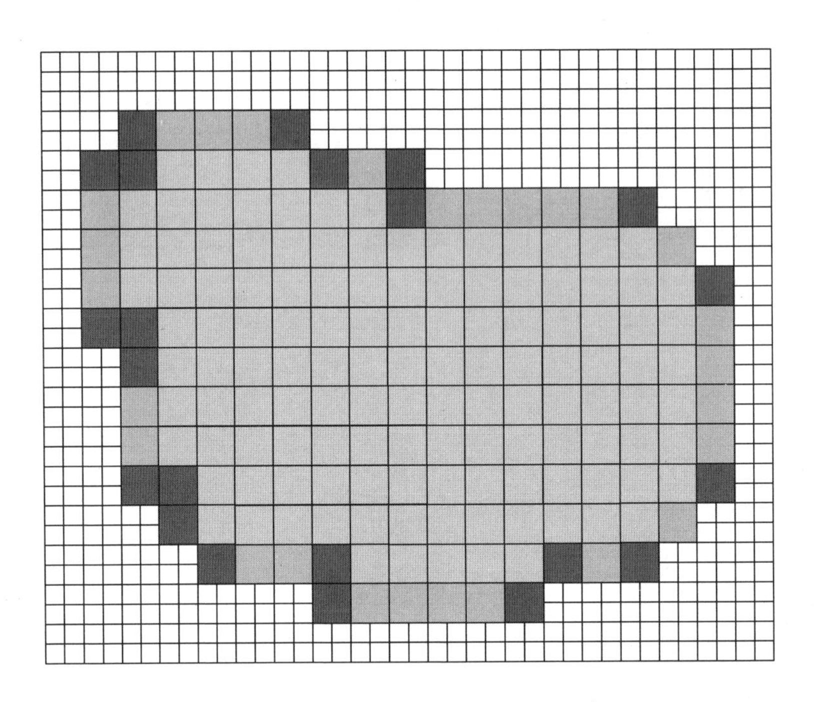

图 5-14 边界特征格网筛选结果示意

2. 判断最大内含格网 g：$O°\_Codes \rightarrow ICode$

首先给出父格网和子格网的定义：若第 n 层级格网 $CellA$ 覆盖了第 m 层级格网 $CellB$（$n < m$），则称 $CellA$ 是 $CellB$ 的父格网，$CellB$ 是 $CellA$ 的子格网。特别地，若 $m = n + 1$，则称 $CellA$ 是 $CellB$ 的 1 级父格网或直系父格网，$CellB$ 是 $CellA$ 的 1 级子格网或直系子格网；若 $m = n + 2$，则称 $CellA$ 是 $CellB$ 的 2 级父格网，$CellB$ 是 $CellA$ 的 2 级子格网……若第 i 层级格网 $Cell_i$ 在第 j（$i > j$）层级的所有子格网集合为 $\{Cell_j\}$，则称格网集合 $\{Cell_j\}$ 可聚合为一个格网 $Cell_i$。

最大内含格网：设实体 O 的内部区域为 $O° = \cup_{C_{rj} \subset O°}^{j \leq n_{r2}} ICell_{rj}$，若 $O°$完全覆盖第 i 层级格网 $ICell$，且对任意一个第 $i-1$ 层级格网C_{i-1}，$O°$均无法完全覆盖，则称 $ICell$ 为实体 O 的最大内含格网。如图 5-15 所示，一个实体的最大内含格网可能有多个，从中选择一个即可。同时，为保证编码的唯一性和客观性，本章以最大内含格网中编码（GeoSOT 剖分格网的二进制一维编码）取值最小的格网（图 5 – 15 中区域①）作为该实体编码中的内部格网。

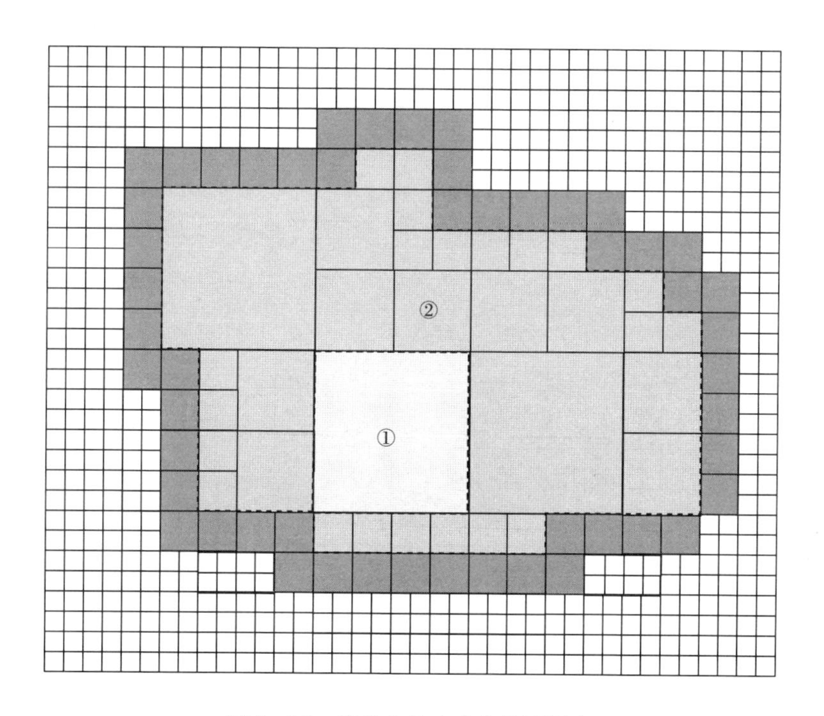

图 5 – 15　实体内最大内含格网示意

根据以上定义，计算实体内部区域的最大内含格网，应首先结合剖分格网空间的多尺度特性，对具有区域确定性的内部格网 O°进行聚合，采用更低（小）层级 μ $\{\mu_i\}$ （$\mu_i \leqslant r$，$1 \leqslant i \leqslant s$）格网来描述内部区域。因此，该实体内部区域可转化为多尺度格网集合：

$$O^{\circ} = \bigcup_{i=1}^{s} \bigcup_{C_{\mu_i j} \subset O^{\circ}}^{j \leqslant n_{\mu_i}} C_{\mu_i j} \tag{5.22}$$

其中，$C_{\mu_i j}$表示层级为μ_i的剖分格网，n_{μ_i}表示实体内部覆盖的第μ_i层级格网个数，该式几何含义如图 5 – 15 中区域②所示。

格网集合的聚合算法分为自上而下和自下而上两种方式。所谓自上而下，是先确定划分内部区域的最小层级（格网尺度最大）和最大层级（格网尺度最小，即精度层级），再自最小层级开始逐层向下判断格网是否包含

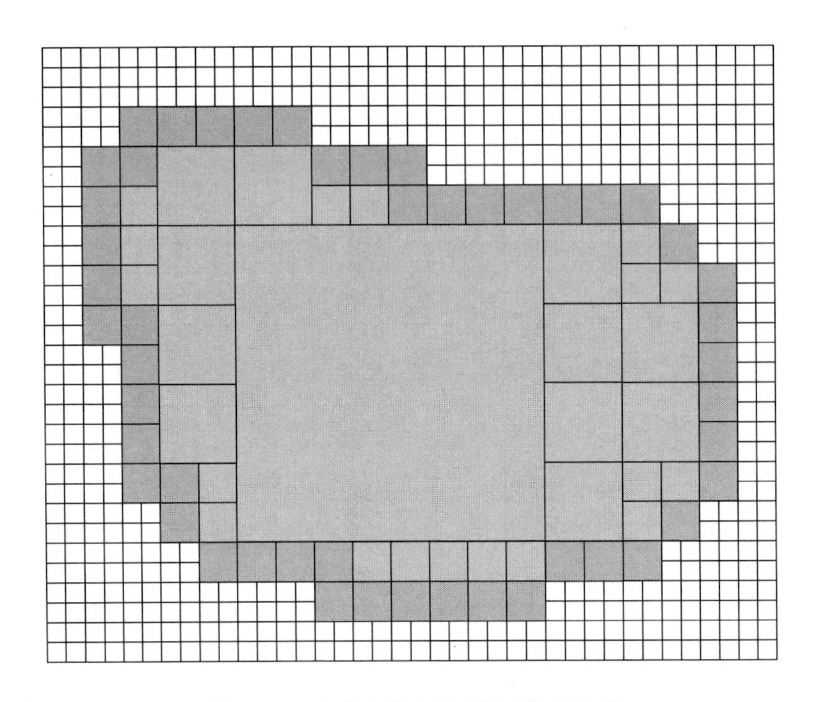

图 5－16　实体内部格网的聚合结果示意

于实体内部，若是，则该格网停止细分；否则，细分为下一层级格网继续判断，直至到达最大层级。相反地，自下而上则是以地理实体的精度层级 r 作为内部区域划分的最大层级，逐层向上聚合为更小层级的格网，直至没有可聚合的格网。以上两种方式的算法复杂度相等，但是考虑最终目标是选择最大内含格网（格网层级最小），因此本章选择自上而下的聚合方式。

确定最小层级 n 的思路：首先，计算地理实体格网集合在精度层级 r 层的最小经向编码 $CodeL_{min}$、最大经向编码 $CodeL_{max}$、最小纬向编码 $CodeB_{min}$ 和最大纬向编码 $CodeB_{max}$；其次，计算在第 r 层级的格网经向编码和纬向编码跨度 $\Delta CodeL = CodeL_{max} - CodeL_{min}$ 和 $\Delta CodeB = CodeB_{max} - CodeB_{min}$，取较小值 $\Delta Code = Min$（$\Delta CodeL$，$\Delta CodeB$）；最后，设 GeoSOT 各剖分层级的格网大小 $\{\Delta_i\}$（$0 \leqslant i \leqslant 32$），将 $\Delta Code \times \Delta_r$ 与 Δ_i 依次对比，当满足不等式 $\Delta_{n_0} \leqslant \Delta Code \times \Delta_r < \Delta_{n_0 - 1}$ 时，最小层级 $n = n_0$，第 n_0 层级的格网已大致勾勒出实体区域。

判断最大内含格网的思路：按照自上而下的聚合方式，从第 n 层级格网

向第 r 层级格网依次判断；对第 i 层级格网判断结束、转入第 $i+1$ 层级格网的判断之前，将第 $i+1$ 层级格网按照编码值从小到大的顺序排序，保证同一层级格网也是按照编码值从小到大的顺序依次判断；如此，得到的第一个最大内含格网即编码值最小的最大内含格网。

因此，根据实体内部格网 $O^{\circ}\_\ Codes = \{ICode_0, ICode_1, \cdots, ICode_n\}$ 判断最大内含格网编码 $ICode$ 的具体步骤：

Step1：计算地理实体内部区域的初始（最小）层级 n，并对区域内部格网 O°按照由小到大的顺序对编码值排序。

Step2：计算排序后 O°中每一个元素在第 i 层级的父格网，得到父格网集合$FCell_i = \{Cell_1, Cell_2, \cdots, Cell_t\}$，记录 O°中以$Cell_j \in FCell_i$为父格网的第 r 层级格网个数num_j，若$Cell_j$在第 r 层级的子格网数量不等于num_j，则将其记录为待分裂格网集合WIC_n，否则，$ICode = Cell_j$，算法结束；令 $i=n$，$t=0$，$j=0$。

Step3：计算WIC_i中元素$Cell_t$的直系子格网集合 $\{SCell\}$，依次判断 $\{SCell\}$ 中每一个元素的第 r 层级子格网集合，剔除 $SCell$ 作为父格网的频次 $num=0$ 的格网，若 $SCell$ 在第 r 级的子格网数量不等于 num，并且$j+|\{SCell\}|\neq 0$，则将其记录为待分裂格网集合 WIC_{i+1}，$j++$，否则，$ICode = Cell_j$，算法结束；$t++$，重复 Step3，直至 $t>|WIC_{i+1}|$。

Step4：$t=0$，$i++$，对WIC_i中元素$Cell_t$按照编码从小到大的顺序排序，重复 Step3，直至 $i=r$。

依序判断内部格网，中间深灰色格网为逐层向下判断而得到的实体最大内含格网，如图 5－17 所示。需要注意的是 $ICode \in O^{\circ}$，而非 $ICode \in O$，因此，在一些形态狭长的区域内，$ICode$ 可能为 $\varnothing$。

（三）地理实体的编码反解算法

地理实体编码由（$ECodes$，$ICode$）来描述，在进行基于实体对象的空间关系计算、空间查询等操作时，需要根据边界特征格网集快速恢复覆盖地理实体的所有格网。因此，本部分介绍如何实现实体编码的反算：将多尺度实体编码（$ECodes$，$ICode$）转化为单一尺度格网集合 $O\_\ Code = \{\partial O\_$

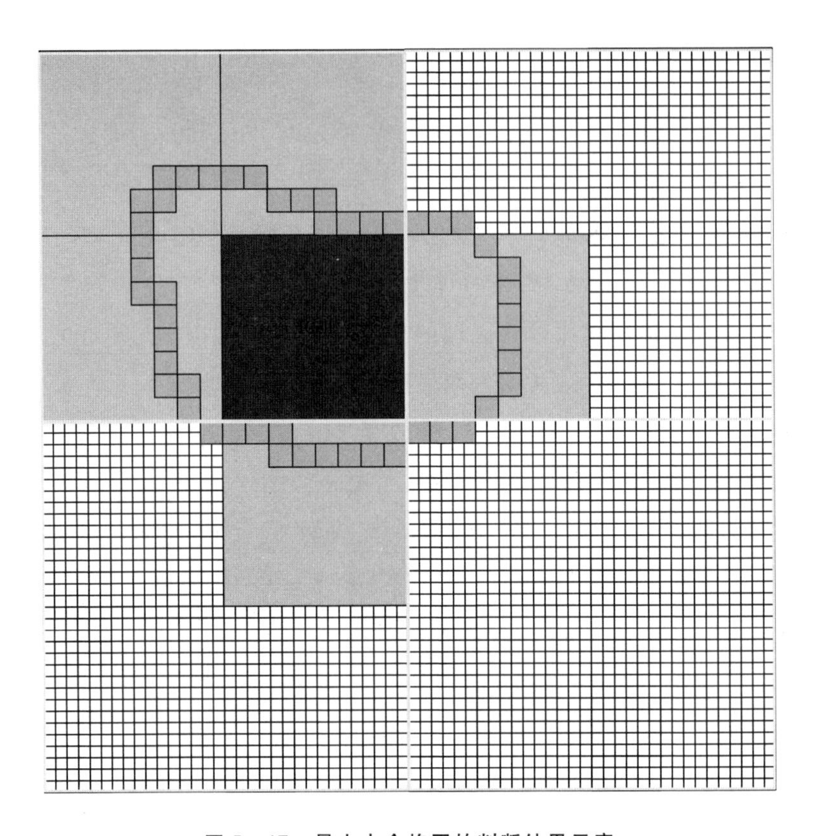

图 5－17　最大内含格网的判断结果示意

$Codes$, $O^\circ\_\ Codes\}$，其中$\partial O_\ Codes = \{BCode_0, BCode_1, \cdots, BCode_m\}$ 和 $O^\circ\_\ Codes = \{ICode_0, ICode_1, \cdots, ICode_n\}$ 均为第n_{max}层级格网编码，需建立两个映射关系：

$$\begin{cases} f^{-1}: ECodes \rightarrow \partial O\_Codes \\ h: (ECodes, ICode) \rightarrow O^\circ\_Codes \end{cases} \tag{5.23}$$

对于 $ICode = \emptyset$ 的情况，以上映射关系退化为f^{-1}：$ECodes \rightarrow \partial O\_\ Codes = O\_\ Codes$，边界格网集即实体覆盖的格网集合。

1．填充边界格网集 f^{-1}：$ECodes \rightarrow \partial O\_\ Codes$

$CellA \boxplus CellB$ 不仅是判断格网是否为特征格网的主要依据，还是根据特征格网计算非特征边界格网、恢复所有边界格网的核心运算，其运算实质为基于 GeoSOT 编码的格网填充。

根据两个相邻边界特征格网$ECell_i$和$ECell_{i+1}$，可分析它们之间的非特征格网集$nECells_i = \{nECell_1, nECell_2, \cdots, nECell_{qi}\}$ 所属的情形：

若$ECell_i_B = ECell_{i+1}_B$，则属于情形（a）；

若$ECell_i_L = ECell_{i+1}_L$，则属于情形（b）；

若$|ECell_{i+1}_B - ECell_{i+1}_B| = |ECell_i_L - ECell_{i+1}_L|$，则属于情形（c）。

对于情形（a），设$ECell_i_L < ECell_{i+1}_L$，相邻边界特征格网$ECell_i$和$ECell_{i+1}$之间应填充的非特征格网为：

$$nECells_i = \left\{ \begin{array}{l} (nECell_j\_B, nECell_j\_L) \mid nECell_{jB} \\ = ECell_{iB}, ECell_{iL} < nECell_{jL} < ECell_{i+1}\_L \end{array} \right\}; \tag{5.24}$$

对于情形（b），设$ECell_i_B < ECell_{i+1}_B$，相邻边界特征格网$ECell_i$和$ECell_{i+1}$之间应填充的非特征格网为：

$$nECells_i = \left\{ \begin{array}{l} (nECell_j\_B, nECell_j\_L) \mid nECell_j\_L \\ = ECell_i\_L, ECell_i\_B < nECell_j\_B < ECell_{i+1}\_B \end{array} \right\}; \tag{5.25}$$

对于情形（c），设$ECell_i_B < ECell_{i+1}_B$ 且$ECell_i_L < ECell_{i+1}_L$,，相邻边界特征格网$ECell_i$和$ECell_{i+1}$之间应填充的非特征格网为：

$$nECells_i = \left\{ \begin{array}{l} (nECell_j\_B, nECell_j\_L) \mid 0 < nECell_j\_B - ECell_i\_B \\ = nECell_j\_L - ECell_i\_L < ECell_{i+1}\_B - ECell_i\_B \end{array} \right\}; \tag{5.26}$$

以上“田”计算的过程实质上是格网的向量平移运算，详细的编码运算规则见剖分编码计算体系部分。

2. 填充内部格网集 h：（$ECodes$, $ICode$）$\rightarrow O°\_\ Codes$

内部格网的计算可以借鉴计算机图形学中的区域填充思想，区域填充算法是将指定不规则区域内部像素单元填充为填充色的过程，一般分为种子填充和扫描线填充。种子填充的优点是原理简单，但是由于基于递归计算，算法所需存储空间较大，且效率较低；扫描线填充占用的存储空间则大大缩小，但需要对复杂情况下扫描线与区域边界的交点进行区分，计算复杂且效率低。为了减少算法中的递归调用，节省栈空间，人们提出了很多改进算法，其中一种就是扫描线种子填充算法。由于已知区域内一个格网符合种子填充算法的输入需求，借鉴该算法思想，提出基于剖分格网的内部区域填充算法，确定内部格网。

内部格网集是一组被边界格网包围的连通格网，计算内部格网的步骤如下。

Step1：初始化一个空栈来存放种子格网，以 *ICode* 所在第 n_{min} 层级格网 *ICell* 作为初始格网，计算 *ICell* 在第 n_{max} 层级的子格网集合，将它们标记为内部格网，取 $n = n_{min}$；

Step2：自 *ICell* 向右扫描其第 n 层级邻接格网 *ICell* +，若 *ICell* + 的子格网不包含边界格网，则将其所在第 n_{max} 层级的子格网标记为内部格网，令 *ICell* 为 *ICell* +，重复 Step2，直至 *ICell* + 为边界格网，将最右侧第 n_{max} 层级格网入栈；否则，令 $n = n + 1$，重复 Step2，直至 $n = n_{max}$；

Step3：自 *ICell* 向左扫描，判断方法与 Step2 相同，直至边界；

Step4：判断栈是否为空，若是，则结束算法；否则，取出栈顶格网作为当前扫描簇的种子格网 *Cell*，其经向编码 B = *CodeB* 是当前的扫描簇；

Step5：从种子格网 *Cell* 出发，沿扫描簇向左、右两个方向填充，直到边界，分别记录区段第 n_{max} 层级左、右端点格网经向编码 $CodeB_{left}$ 和 $CodeB_{right}$；

Step6：分别检查与当前扫描簇相邻的 *CodeB* + 1 和 *CodeB* − 1 两条扫描簇在区间 [$CodeB_{left}$，$CodeB_{right}$] 中的格网，自 $CodeB_{Left}$ 向 $CodeB_{Right}$ 搜索，若存在非边界且未填充的格网，则找出这些相邻格网中最右边的一个，将其作为种子格网入栈，返回 Step4。

其中，格网的邻接搜索即多尺度编码的邻近计算，ICell 的子格网计算为编码的嵌套关系计算，具体运算规则详见剖分编码体系部分。图 5 − 18 给出了内部格网的填充过程。

对于 *ICode* = ø 的情况，映射关系 *h*：（*ECodes*，*ICode*）→O°_ Codes 退化为 *h*：*ECodes*→O°_ Codes，所有边界格网即可描述实体区位信息。

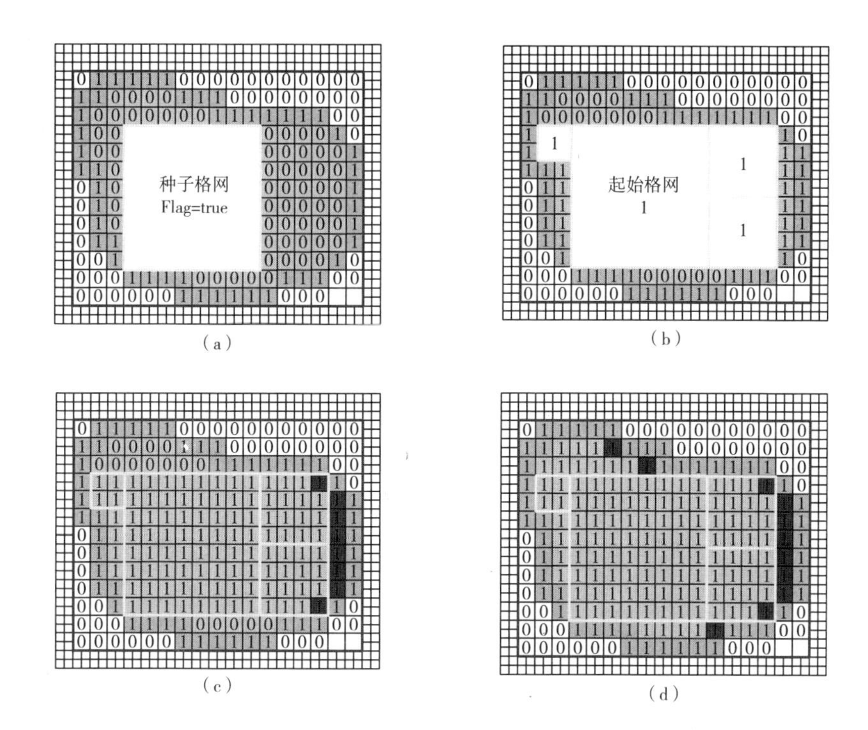

图 5－18 实体内部格网的填充过程示意

二 剖分实体之间的关系描述

对于剖分空间中任意两个实体对象，可以将它们的内在关联描述为两个实体的空间关系。

空间关系描述是用数学方法来区分不同的空间关系，给出形式化的描述（Egehofer 等，1993）。其意义在于澄清不同用户关于空间关系的语义，为构造空间查询语言和空间分析提供形式化工具（岳国森，2003）。2013 年，金安提出了 GeoSOT 格网及格网集合之间的空间关系描述框架，以对象覆盖格网集合之间的交集运算判断简单对象的拓扑关系，以实体形心所在格网之间的距离、方位来判断实体之间的度量、方位关系，粗略地对实体空间关系进行了描述，但也存在一些问题。例如，由于并未考虑对象外部情况，在处理含空洞的复杂对象关系中存在缺陷，图 5－19 中的实体 A 和 B 满足相同的判断条件——存在边相邻格网、对象格网不相交，却因空洞的存在而难以区分具体的空间关系，但这种区分是有实际应用价值的，如河北省与北京市、山东省之间的关系。

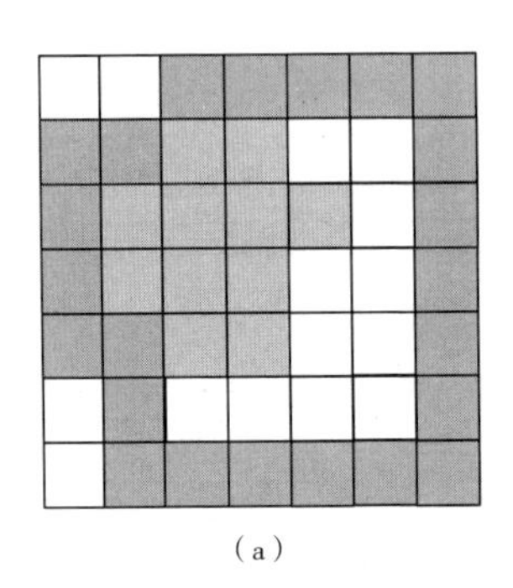
(a)

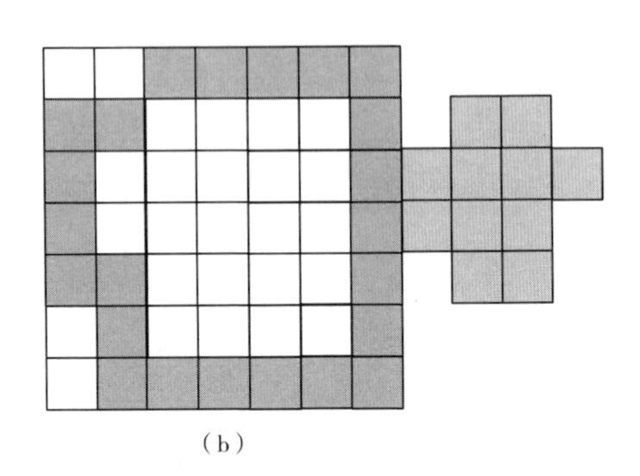
(b)

图 5-19 两种不同的空间关系示意

为了获得更为细致的拓扑空间关系，实体的外部区域也应考虑在内。但是，对于一个面积有限的实体对象而言，其外部区域往往是很大的，包括除去其自身的球面二维空间，这导致外部区域相关的集合运算量极大，因而考虑利用球面 Voronoi 图缩小实体对象的外部区域范围。本节将首先介绍球面 Voronoi 图的生成方法，在此基础上，借鉴 V9I 模型研究剖分体系下实体之间的拓扑关系，并探讨基于球面 Voronoi 图的距离度量、方位描述等非拓扑关系。

（一）球面 Voronoi 图的生成

目前，对于球面 Voronoi 算法（Gold C. M. and Edwords G.，1992；Yang Weiping，1997）的研究相对较少，其中比较典型的是 Aggenbaum（1985）利用“插入法”给出了球面上 n 个点的 Voronoi 图生成算法，时间复杂度为 $O(n^2)$；Robert（1997）提出了“分治算法”，时间复杂度为 $O(nlogn)$（贲进，2006）。这些算法都是针对球面点集的，而关于球面实体的 Voronoi 图生成算法研究极少，这是由于矢量算法对于面状集来说非常困难。有鉴于此，人们尝试参照平面栅格 Voronoi 图的生成算法原理取得了可喜的进展：2002 年，赵学胜等人研究了基于 QTM 球面三角网的 Voronoi 图生成算法；2010 年，童晓冲研究了基于球面六边形格网的 Voronoi 图生成算法。

GeoSOT 作为球面矩形格网，亦可借鉴平面栅格算法。Voronoi 图的栅格算法实质上是从每一生长点出发，通过像素邻元搜索逐渐进行扩张或膨胀，确定距每一生长点最远的等距离线。

对应于剖分格网的八邻接模式和四邻接模式，格网在同一层级上存在两个膨胀因子B_1和B_2，如图 5 - 20 所示。

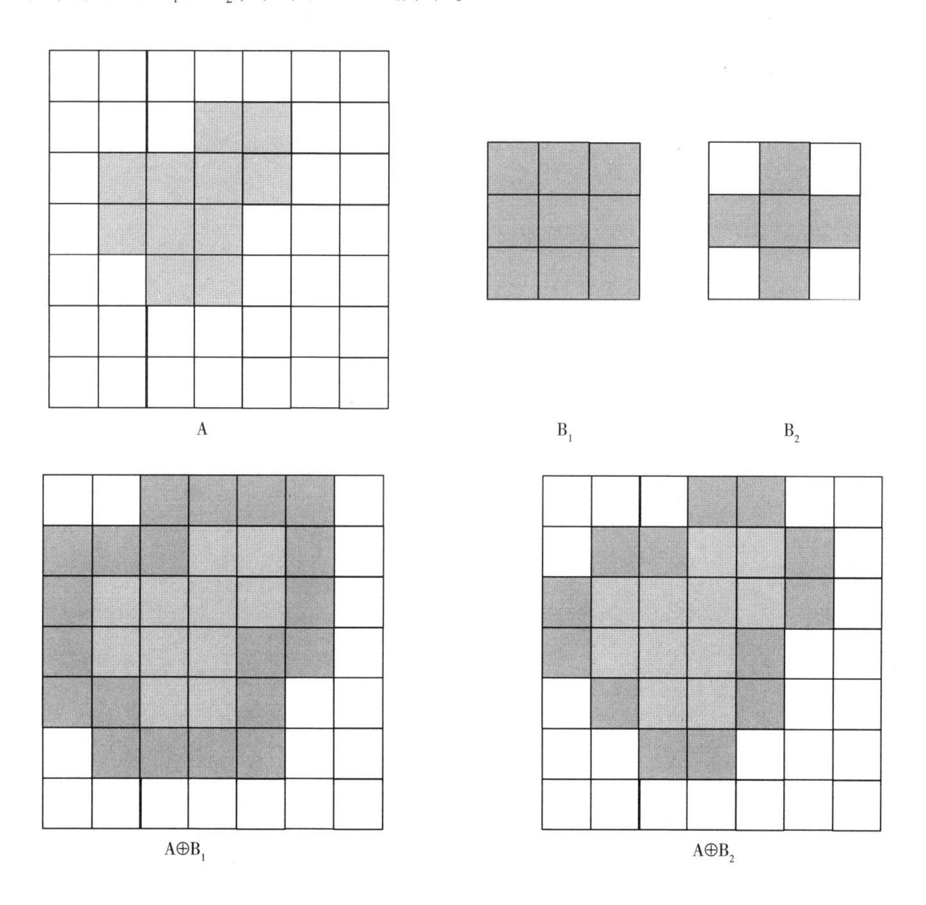

图 5 - 20　格网膨胀结果示意

因此，剖分空间实体 Voronoi 图的生成，是根据球面矩形格网膨胀原理，通过实体边界格网的邻接搜索，确定包围实体对象的邻接格网，即搜索出对象区域内格网的全部邻接格网。然后，剔除重复格网，实体对象就生成一个膨胀格网集合。重复进行此过程，直到满足膨胀的终止条件，每个终止膨胀的格网就构成了两个实体对象的 Voronoi 边界。其中，两个实体的 Voronoi 边界终止情形分为两种：一种如图 5－21（a）~（b）所示，两个实体在第 $n-1$ 次膨胀后，$Cell_{A(n-1)}$ 和 $Cell_{B(n-1)}$ 不相邻，那么第 n 次均膨胀至格网 $Cell_3$，$Cell_3$ 即二者 Voronoi 图的边界格网；另一种如图 5－21（c）~（d）所示，两个实体在 $n-1$ 次膨胀后，$Cell_{A(n-1)}$ 和 $Cell_{B(n-1)}$ 相邻，那么第 n 次膨胀将使 $Cell_{A(n-1)}$ 和 $Cell_{B(n-1)}$ 均被再次搜索，故它们是实体 A 和 B 的 Voronoi 图边界格网。

综合以上两种情形，可在膨胀过程中为每个待搜索格网定义一个距离权重因子 γ，初始值设为 0，记录整体的膨胀情况，采用动态距离变换的方法来生成实体的 Voronoi 图。若当前待搜索格网 *Cell* 的 $\gamma=0$，表示该格网从未被搜索，$\gamma=$ 当前膨胀次数，且 *Cell* 成为待膨胀格网；若当前待搜索格网 *Cell* 的 $\gamma\neq0$，表示该格网同为其他实体的膨胀格网，$\gamma=\gamma+$ 当前膨胀次数，且 *Cell* 成为 Voronoi 边界，停止膨胀。可见，若两个实体当前膨胀次数为 τ，那么球面格网的距离权重因子 γ 在 $\{0, 1, \cdots, \tau, 2\times\tau-1, 2\times\tau\}$ 中取值，其中 $\gamma=2\times\tau-1$ 和 $\gamma=2\times\tau$ 是二者 Voronoi 边界格网的标志。

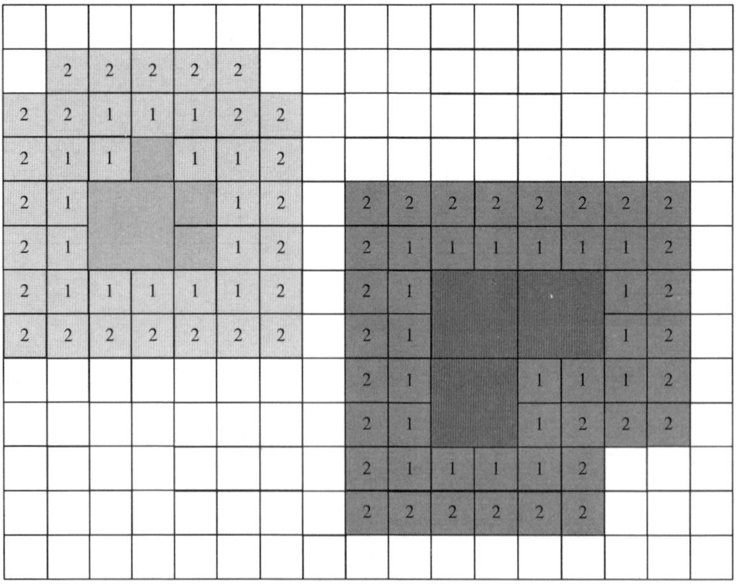

（a）情形一：第n-1次膨胀

3	3	3	3	3	3	3										
3	2	2	2	2	2	3	3									
2	2	1	1	1	2	2	3									
2	1	1		1	1	2	6	3	3	3	3	3	3	3	3	3
2	1				1	2	6	2	2	2	2	2	2	2	2	3
2	1				1	2	6	2	1	1	1	1	1	1	2	3
2	1	1	1	1	1	2	6	2	1					1	2	3
2	2	2	2	2	2	2	6	2	1					1	2	3
3	3	3	3	3	3	3	6	2	1			1	1	1	2	3
							3	2	1			1	2	2	2	3
							3	2	1	1	1	1	2	3	3	3
							3	2	2	2	2	2	2	3		
							3	3	3	3	3	3	3	3		

（b）情形一：第n次膨胀

	2	2	2	2	2											
2	2	1	1	1	2	2										
2	1	1		1	1	2										
2	1				1	2	2	2	2	2	2	2	2	2		
2	1				1	2	2	1	1	1	1	1	1	2		
2	1	1	1	1	1	2	2	1					1	2		
2	2	2	2	2	2	2	2	1					1	2		
							2	1			1	1	1	2		
							2	1			1	2	2	2		
							2	1	1	1	1	2				
							2	2	2	2	2	2				

（c）情形二：第n-1次膨胀

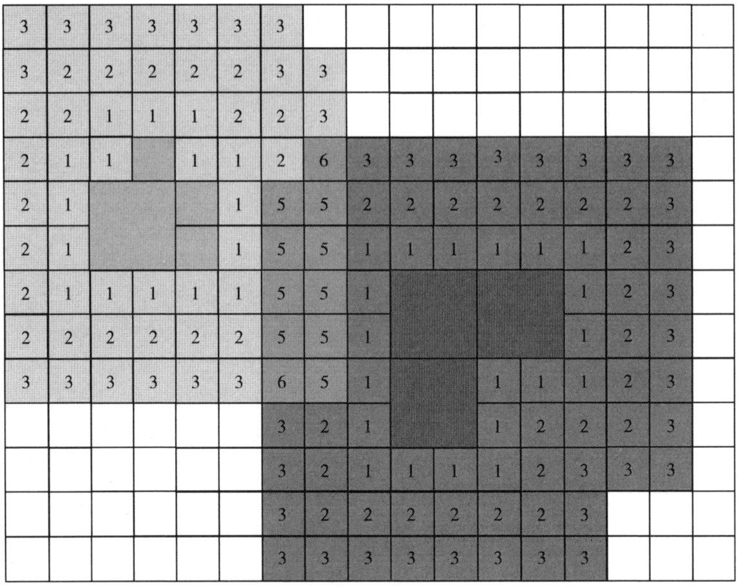

3	3	3	3	3	3	3										
3	2	2	2	2	2	3	3									
2	2	1	1	1	2	2	3									
2	1	1		1	1	2	6	3	3	3	3	3	3	3	3	
2	1				1	5	5	2	2	2	2	2	2	2	3	
2	1				1	5	5	1	1	1	1	1	1	2	3	
2	1	1	1	1	1	5	5	1					1	2	3	
2	2	2	2	2	2	5	5	1					1	2	3	
3	3	3	3	3	3	6	5	1			1	1	1	2	3	
						3	2	1			1	2	2	2	3	
						3	2	1	1	1	1	2	3	3	3	
						3	2	2	2	2	2	2	3			
						3	3	3	3	3	3	3	3			

（d）情形二：第n次膨胀

图 5－21　两个实体的 Voronoi 边界终止情形示意

生成球面 Voronoi 图及计算距离权重因子 γ 的具体算法为：

输入：球面剖分层级 n 和球面实体编码集 $EC_{Os} = \{ECs_1, ECs_2, \cdots ECs_n\}$；

输出：球面实体对象集的近似 Voronoi 图。

Step1：选择一个膨胀因子，计算每个实体ECs_i的膨胀边界格网集∂Cs_i；

Step2：搜索∂Cs_i的 8 个邻接格网集合 $Adjacts$（∂Cs_i），并删除 $Adjacts$（∂Cs_i）中重复或 $\gamma \neq 0$ 的格网；

Step3：为 $Adjacts$（∂Cs_i）中的每个格网赋 γ 值，判断该格网的膨胀是否终止，若格网停止膨胀，那么它是 Voronoi 边界格网，计算该格网的 γ 值，将其剔除待膨胀格网集合；

Step4：若存在待膨胀格网，则重复 Step2，直到整个球面搜索完毕；否则，膨胀结束。

特别地，以上算法需要遍历整个球面格网，当实体覆盖区域相对集中、格网层级较高时，可对该算法进一步简化，将格网搜索范围缩小至恰好包含了待分析实体的最小矩形区域。

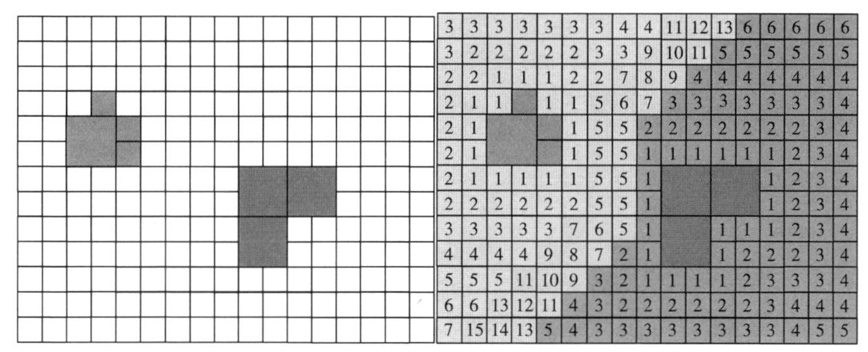

（a）待计算的两个实体对象　（b）两个实体对象的Voronoi图

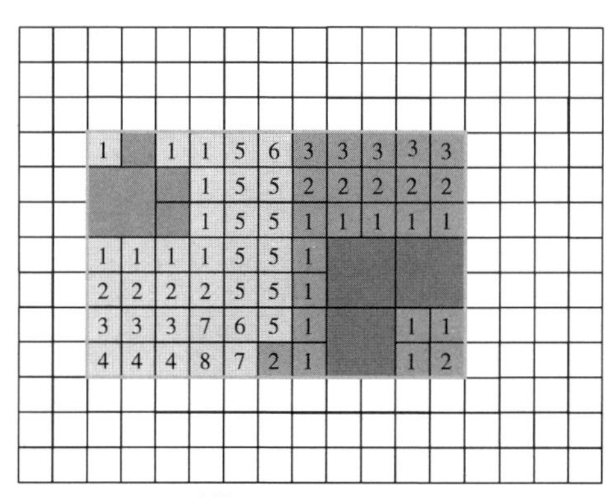

（c）计算范围缩小的Voronoi图

图 5－22　两个实体对象的球面 Voronoi 计算结果

在生成球面 Voronoi 图的同时，可以构建格网的距离权重矩阵，矩阵中的每一个元素取值对应格网的距离权重因子。

不含空洞的实心对象的 Voronoi 区域是指其 Voronoi 区域自身［图 5－23（a）和（b）中左侧对象］，而含有空洞的环状对象的 Voronoi 区域是指环的 Voronoi 区域自身与其空洞区域的并集［图 5－23（a）和（b）中右侧对象］。

（二）基于 Voronoi 图的空间拓扑关系描述

拓扑关系体现了空间实体在空间上的一种不依赖几何形变的内在联系

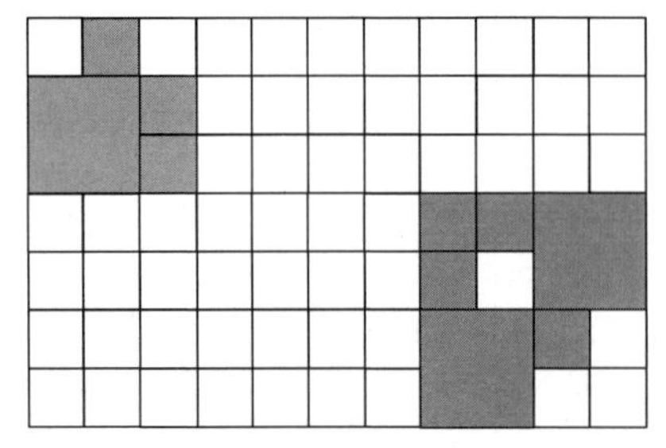

（a）待计算的含空洞对象与实心对象

1		1	1	5	6	3	3	3	3	3
			1	5	5	2	2	2	2	2
			1	5	5	1	1	1	1	1
1	1	1	1	5	5	1				
2	2	2	2	5	5	1				
3	3	3	7	6	5	1				1
4	4	4	8	7	2	1			1	1

（b）Voronoi计算结果

图 5－23　含有空洞的对象 Voronoi 图

（陈军等，2007）。在传统数据模型中，实体之间的拓扑关系主要包括相离、相接、相交、包含四类。然而，在剖分数据模型中，实体均以面状目标的形式存在，故实体之间的拓扑关系实质上是格网集合之间的拓扑关系。但是，由于剖分格网具有多尺度的特点，特别是边界格网的层级隐含实体描述的分辨率信息，使不同层级下实体之间的拓扑关系更为复杂。目前，国际上使用较多的两种空间拓扑关系描述方法是基于点集拓扑理论的交叉方法和运用空间目标的整体来进行空间关系区分的交互方法（安为伟，2007）。其中，交叉方法是将空间实体分解为几个部分，通过比较两个实体各个组成剖分的交去判定或研究实体之间的空间关系，如 4 交模型和 9 交模型。而交互方法是根据区域连续和逻辑演算描述空间区域间的关系，需要预先假设目标间可能的关系，不能保证完备性，因而应用比较受限。

金安提出了基于 GeoSOT 格网的空间拓扑关系，其本质是以拓扑学、集合代数与计算几何为主要理论依据，考虑实体本身和它的外部区域所组成的集合，是退化的 9 交模型，将实体拓扑关系粗略划分为相离、相接、相交和包含四类。本章将借鉴 V9I 模型，进一步描述剖分数据模型中实体的拓扑关系。

设 A 和 B 是剖分数据模型中任意两个实体，分别定义四元组和九元组：

$$R9(A,B) = \begin{bmatrix} A \cap B & A \cap B^V \\ A^V \cap B & A^V \cap B^V \end{bmatrix} \tag{5.27}$$

$$V9I(A,B)=\begin{bmatrix}\partial A\cap\partial B & \partial A\cap B^{\circ} & \partial A\cap B^{V}\\ A^{\circ}\cap\partial B & A^{\circ}\cap B^{\circ} & A^{\circ}\cap B^{V}\\ A^{V}\cap\partial B & A^{V}\cap B^{\circ} & A^{V}\cap B^{V}\end{bmatrix}\tag{5.28}$$

其中，$R9$（A，B）和 $V9I$（A，B）分别代表退化的 9 交模型和基于 Voronoi 图的 V9I 模型，A^V和B^V分别为 A 和 B 的球面 Voronoi 区域集合，每个集合运算的取值为 ø 和¬ ø。

1. 相离关系

若实体 A 与 B 之间无交集，则称二者相离。相离关系可细分为四种，如图 5－24 所示，它们的共同点是 $A\cap B=\emptyset$，故$\partial A\cap\partial B$、$\partial A\cap B^{\circ}$、$A^{\circ}\cap\partial B$ 和 $A^{\circ}\cap B^{\circ}$均为 ø。图 5－24（a）和图 5－24（b）中的实体均为简单对象，一个实体的 Voronoi 区域与另一个实体之间由后者的 Voronoi 区域间隔开，即 A 的边界、内部区域均与 B 的 Voronoi 区域无交集，B 的边界、内部区域均与 A 的 Voronoi 区域无交集。这时，若 A 的 Voronoi 区域与 B 的 Voronoi 区域有交集，表示A^V和B^V共边，二者是图（a）相邻关系，否则，它们之间被其他实体隔开。如图 5－24（b）所示，实体 A、B 和 C 之间均是相离的，但是 A 与 B 是相邻的，A 与 C 则是不相邻的，它们的区别就在于$A^V\cap B^V$的取值不同；图 5－24（c）中存在含空洞的复杂实体，但 A 与 B 仍然满足相离关系的定义，与图 5－24（a）（b）不同的是，A 的 Voronoi 区域包含 B，故 A 的 Voronoi 区域与 B 的边界、内部区域均有交集；图 5－24（d）将图 5－24（c）中的两个实体对调，其九元组的取值则是图 5－24（c）中矩阵 $V9I$（A，B）的转置。

2. 相接关系

若实体 A 与 B 之间仅边界有交集，则称二者相接。相接关系可细分为三种，如图 5－25 所示，它们的共同点是$\partial A\cap\partial B=\neg\emptyset$，且$\partial A\cap B^{\circ}$、$A^{\circ}\cap\partial B$ 和 $A^{\circ}\cap B^{\circ}$均为 ø。图 5－25（a）中的实体均为简单对象，A 的边界与 B 的边界、Voronoi 区域有交集，但与 B 的内部无交集；A 的内部与 B 的边界、内部、Voronoi 区域均无交集；A 的 Voronoi 区域与 B 的边界、Voronoi 区域有交集，但与 B 的内部无交集。对于图 5－25（b）中含有空洞的实体 A 及

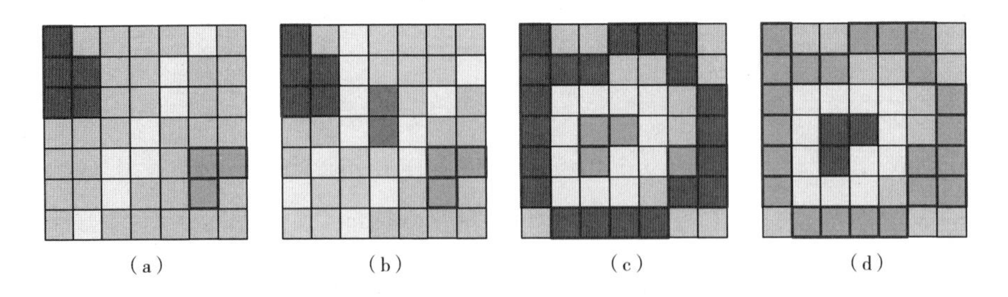

图 5-24 实体之间相离关系的四种情形

空洞内的实体 B，A 的内部与 B 的边界、内部、Voronoi 区域均无交集；由于 A 的 Voronoi 区域包含 B，故 A 的 Voronoi 区域与 B 的边界、内部、Voronoi 区域均有交集；A 的边界与 B 的边界、Voronoi 区域有交集，但与 B 的内部无交集。图 5-25（c）九元组的取值则是图 5-25（b）中矩阵 *V9I*（*A*，*B*）的转置。相接关系也是一种相邻关系。

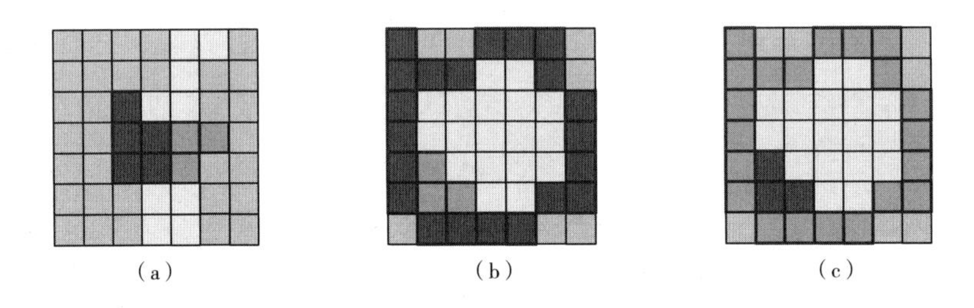

图 5-25 实体之间相接关系的三种情形

3. 相交关系

若实体 A 与 B 之间部分相交但不相接，则称二者相交。由于剖分空间中实体由多尺度格网构成，与经纬度体系不同的是，相交关系也可细分为四种，如图 5-26 所示，它们的共同点是 $\partial A \cap \partial B = \neg \varnothing$。图 5-26（a）中，B 的边界格网尺度比 A 大，故 A 的内部与 B 的边界有交集，但与 B 的内部、Voronoi 区域无交集；A 的边界与 B 的边界、Voronoi 区域均有交集，但与 B 的内部无交集；A 的 Voronoi 区域与 B 的边界、Voronoi 区域有交集，但与 B 的内部无交集。图 5-26（b）九元组的取值是图 5-26（a）中矩阵 *V9I*（*A*，*B*）

的转置。图 5－26（c）中，任一个实体的边界与另一个实体的内部有交集，但二者内部区域无交集；一个实体的 Voronoi 区域与另一个实体边界有交集，但与其内部无交集，且二者的 Voronoi 区域存在交集。图 5－26（d）中，A 的边界、内部区域分别与 B 的边界、内部区域相互有交集，但有关 Voronoi 区域的判断中，一个实体的 Voronoi 区域仅与另一个实体的内部无交集。由于实体的边界格网刻画了实体空间信息的不确定性，而内部格网则具有确定性，故将图 5－26（a）和图 5－26（b）中所示的两种相交关系称为近相交关系，这种情形仅在判断拓扑关系的两个实体精度不相同时存在。

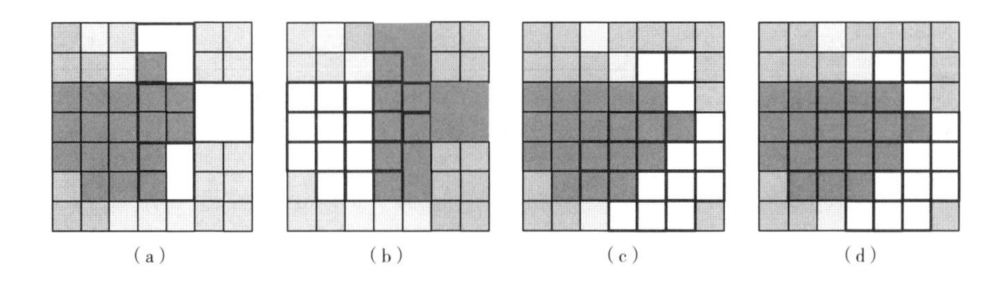

图 5－26　实体之间相交关系的四种情形

4. 包含关系

若一个实体与另一个实体的交集为前者，则称二者相包含，且前者包含后者。包含关系可细分为四种，如图 5－27 所示，它们的共同点是 $A^{\circ}\cap B^{\circ}$和 $A^{V}\cap B^{V}$均为$\neg\ \emptyset$。图 5－27（a）中，A 的边界与 B 的 Voronoi 区域有交集，与 B 的边界、内部无交集；A 的内部与 B 的边界、内部、Voronoi 区域均有交集；A 的Voronoi 区域与 B 的边界、内部均无交集。图 5－27（b）九元组的取值是图 5－27（a）中矩阵 $V9I$（A，B）的转置。图5－27（c）中，A 包含 B 且内部相接，从而 A 的边界与 B 的边界、Voronoi 区域有交集，与 B 的内部无交集；A 的内部与 B 的边界、内部、Voronoi 区域均有交集；A 的 Voronoi 区域与 B 的边界有交集，与 B 的内部无交集。图 5－27（d）九元组的取值是图 5－27（d）中矩阵 $V9I$（A，B）的转置。

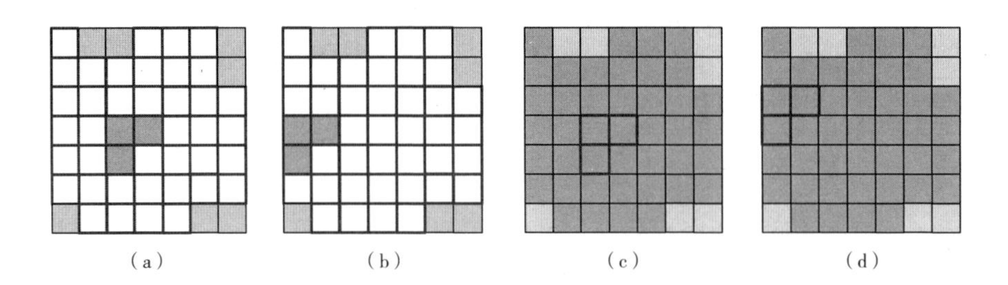

图 5-27 实体之间包含关系的四种情形

综合以上分析，在剖分数据模型中，V9I 模型的判定规则发生变化，而且对实体拓扑关系的划分更精细，本章称其为 S-V9I 模型（Subdivision-V9I Model），它的判别矩阵 $S-V9I$（A，B）与 $V9I$（A，B）相同，但判别结果存在差异。

（三）基于 Voronoi 图的空间度量关系描述

空间度量关系是空间科学领域特有的能力，其指标有长度（距离）、面积、体积、形状、坡度、通达性等，其中，距离是一种最基础、最常见的空间度量关系指标，是约束和表达空间实体相对关系的一个重要度量指标，空间实体之间的距离描述与计算方式将直接影响空间查询、推理和分析的有效性。目前，通常采用最近、最远和质心距离来量测实体对象之间的分布特征（邓敏，2011）。格网本身具备量测的基础，但同一尺度下球面格网中单元的不一致，使格网量测问题复杂且存在一定的误差。本部分重点从距离量测问题入手，借助球面 Voronoi 图展开对剖分空间度量关系的研究。

同时，距离量测问题可分为三类：单个格网之间的距离、单个格网与实体对象之间的距离、实体对象之间的距离。特别地，由于单个格网也可视为一个空间实体，故而统一为实体对象（格网集）之间的距离量测。

最短距离：在剖分空间中，设第$Level_A$层级实体 A $\{C_{Ai}\}$ $(0<i\leq n_A)$ 与第$Level_B$层级实体 B $\{C_{Bi}\}$ $(0<i\leq n_B)$，对于任意的$C_{As}\in A$ 和$C_{Bt}\in B$，若 $L=\min(d_{st})$，d_{st}是C_{As}和C_{Bt}之间的距离，则称 L 为实体 A 与 B 的最短距离。其中，d_{st}为格网距离或欧氏距离。

显然，结合 Voronoi 图的生成过程，其边界是经两个实体同步膨胀而得到的相交区域，而边界格网的距离权重因子 γ 记录了两个实体的膨胀次数之和，那么其最小值就是两个实体之间的最短距离。Voronoi 图的边界格网具有以下特性：

任意一个 Voronoi 边界格网 $Cell$，距离权重因子为 γ，其四个邻接格网中必存在两个格网$Cell_1$、$Cell_2$，它们的距离权重因子γ_1和γ_2满足不等式：

$$\gamma_1 \leqslant \gamma \text{ 和 } \gamma_2 \leqslant \gamma \tag{5.29}$$

对于等经纬度剖分格网 GeoSOT 来说，存在两种膨胀因子，基于B_1因子对格网膨胀，每膨胀一次，γ 值增加 1，实际距离却可能增加 1 个或$\sqrt{2}$个格网尺度单位，此时需分别考虑 γ 中包含的经向、纬向和对角三种膨胀方式，计算实体之间的最短距离；而采用B_2因子时，格网每膨胀一次，γ 值增加 1，实际距离也增加 1 个格网尺度单位，此时仅需考虑经向、纬向两种膨胀方式即可，故本部分选择基于B_2因子膨胀得到的 Voronoi 图，来分析实体之间的距离计算方法。

首先，获取最少膨胀次数之和。选取 Voronoi 边界格网$Cell_{Voronoi_Bou}$中距离权重因子最小的格网集合：

$$Cell_{min\gamma} = \{Cell \mid \gamma(Cell) = \min\gamma(Cell_{Voronoi\_Bou})\}, \tag{5.30}$$

它们的 $\gamma = r_0$表示由实体 A 经过 γ 步可抵达 B，且每步步长为 1 个格网尺度单位。γ 步既包含横向（经向）平移，也包含纵向（纬向）平移。

然后，逆向追溯膨胀路径。任选$Cell_0 \in Cell_{min\gamma}$，以该格网作为起点，还原与之相邻两个实体的膨胀路径，需要遵循表 5－2 所示算法步骤。

表 5－2　逆向追溯膨胀路径算法步骤

Step1 令$Cell_0$为两条回溯路径$Road_1$、$Road_2$的搜索起点，获取其四邻域格网的 γ 值集合$\{\gamma_1, \gamma_2, \gamma_3, \gamma_4\}$并排序，设$\gamma_1 \leqslant \gamma_2 \leqslant \gamma_3 \leqslant \gamma_4$；
Step2 无论不等式$\gamma_1 \leqslant \gamma_2$中等号“＝”是否成立，取$\gamma_1$值对应的格网$Cell_{11}$作为回溯路径$Road_1$的第二个点，$Road_1 = Cell_{11} \cup Cell_0$；

续表

Step3 以$Cell_0$为对称轴，优先搜索$Cell_{11}$关于$Cell_0$的对称格网$Cell_1$，若其$r \leq \gamma_0$，则$Cell_{21} = Cell_1$；否则，搜索$Cell_0$另外两个邻接格网$Cell_2$和$Cell_3$，它们的γ值分别为$\gamma_2' \leq \gamma_3'$。若$\gamma_2' = r_0$，令$Cell_{21} = Cell_2$；若$\gamma_3' = r_0$，令$Cell_{21} = Cell_3$；否则，将二者之中与$Cell_{11}$所属实体不同的格网赋值为$Cell_{21}$。格网$Cell_{21}$是回溯路径$Road_2$的第二个点，$Road_2 = Cell_0 \cup Cell_{21}$；令$i = 1$；
Step4 对格网$Cell_{1i}$和$Cell_{2i}$进行邻接搜索，分别判断四个邻接格网中γ值最小的格网$Cell_{1(i+1)}$和$Cell_{2(i+1)}$，那么$Road_1 = Cell_{1(i+1)} \cup Road_1$，$Road_2 = Road_2 \cup Cell_{2(i+1)}$。令$i = i + 1$，重复Step4，直至$Cell_{1(i+1)}$和$Cell_{2(i+1)}$的$r$值为0；
Step5 膨胀路径为$Road = Road_1 \cup Road_2$。

最后，分别统计路径 *Road* 中横向平移和纵向平移的次数，根据当前格网的层级与球面位置，计算实体 A 和 B 之间的最短距离。

图 5－28（a）中的编号为 6、7、8、9 格网为实体 A 和 B 的 Voronoi 边界，存在两个格网的γ值相等（均为 6）且最小，即 A 和 B 之间沿着最短路径的最少膨胀次数之和为 6，任选二者中的一个格网作为搜索起点$Cell_0$；$Cell_0$四个邻接格网的γ值分别为 2、2、27，按照图 5－28（b）箭头所指方向，选择$Cell_0$下方γ值为 2 的格网$Cell_{11}$；由于$Cell_0$上方格网$Cell_1$的γ值为 7（大于 6），继续搜索左、右两侧的邻接格网$Cell_2$和$Cell_3$；如图 5－28（c）中，它们的γ值均为 2，而$Cell_2$与$Cell_{11}$分属于实体 A 和 B，故$Cell_{21} = Cell_2$；对$Cell_{11}$邻接搜索，其中左侧格网γ值最小（为 1），故将其赋为$Cell_{12}$并将其作为新的待搜索格网，同时，$Cell_{21}$的右侧格网$Cell_{22}$也成为新的待搜索格网。依次进行下去，直至待搜索格网γ值均为 0，如图 5－28（d）所示，完成对膨胀路径的回溯；那么，实体 A 与 B 之间的最短距离用棋盘距离可表示为$L_{格网} = (5, 1)_n$，如图 5－28（e）所示，用欧氏距离可表示为$L_{椭球}$。

（四）基于 Voronoi 图的空间方位关系描述

方位关系又称为方向关系，它定义了两个实体之间的方位，如“北京大学在清华大学的西南方描述了“北京大学”与“清华大学”两个空间实体之间的方位关系。2014 年，付晨提出了基于剖分格网的建筑物编码，将实体简化为它的形心（几何形状的中心），并以形心之间的相对方位大致描

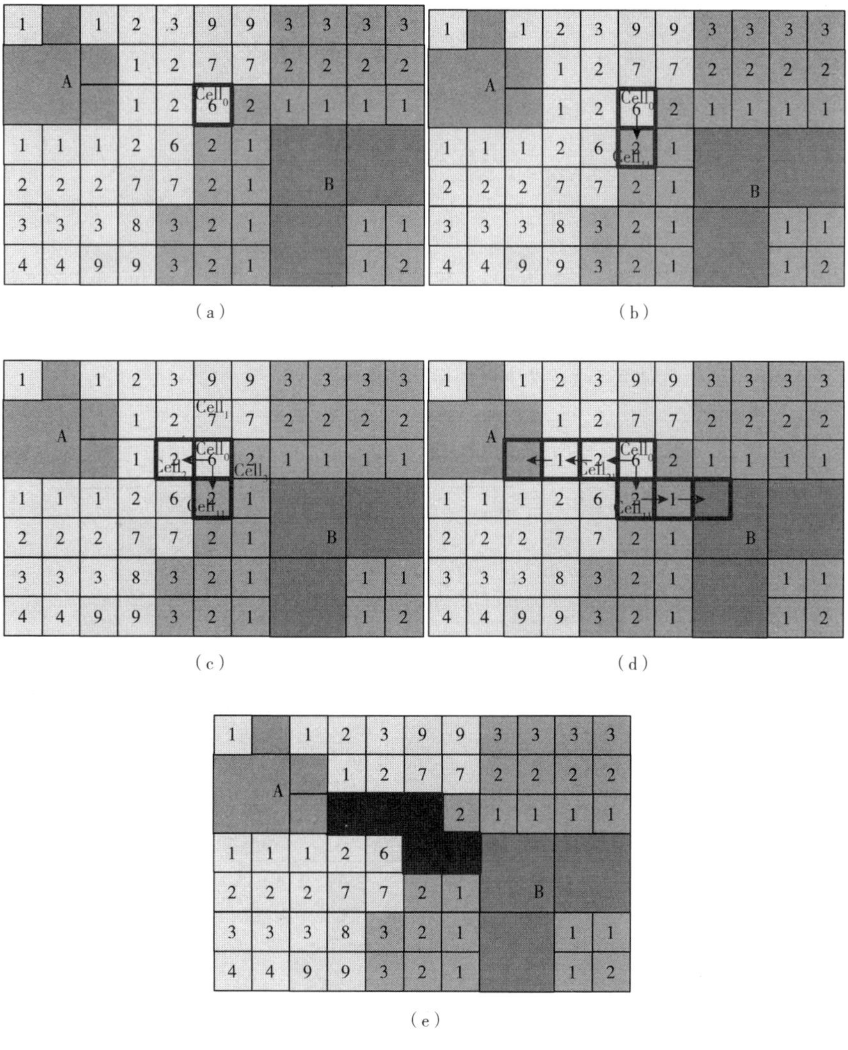

(a)

(b)

(c)

(d)

(e)

图 5-28　膨胀路径逆向追溯的过程

述实体之间的方位关系，但是该算法存在两个方面的问题：一是形心的位置计算较复杂，且可能位于实体外部；二是未考虑实体的形态特征，方位判别结果往往与真实情况存在较大偏差，如图 5-29 所示。

本章基于球面 Voronoi 图，结合实体的形态特征，提出实体之间的方位

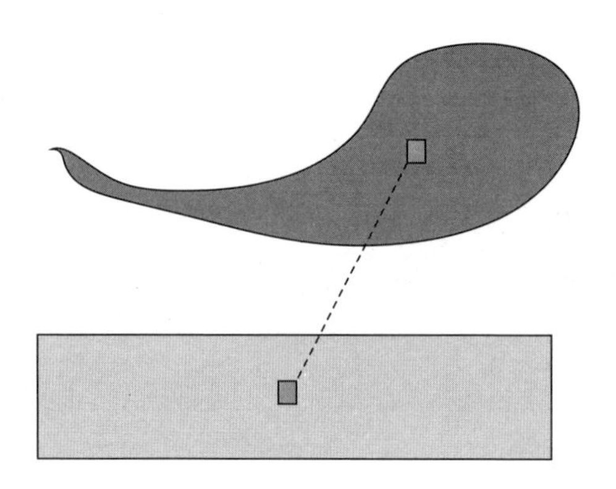

图 5－29　两个实体形心之间的方位关系示意

关系描述方法。在判断方位关系之前，以规则矩形区域为模板，对其边界的方位进行分类，如图 5－30 所示。

NW	NO	NO	NO	NO	NO	NO	NO	NO	NO	NE
WO										EO
WO										EO
WO										EO
WO										EO
WO										EO
WS	SO	SO	SO	SO	SO	SO	SO	SO	SO	SE

图 5－30　边界的方位分类模板示意

对于实体 A 和 B，以包含它们的最小矩形 MBR 作为研究区域，且排除 MBR 内除 A 和 B 之外的实体。设A^V和B^V分别为 A 的 Voronoi 区域和 B 的 Voronoi 区域，且A^V和B^V存在交集$I^V = A^V \cap B^V$。

首先，对I^V“瘦身”。若I^V存在两个格网$Cell_1$和$Cell_2$，它们是边邻接关系，且其中一个格网$Cell_1$位于 MBR 的顶角，则将$Cell_1$舍弃。

其次，定义一个 3×3 的矩阵$I_{3\times3}$，它是 Voronoi 边界区域I^V与 MBR 边界模板的卷积运算结果：

$$I = (I_{i,j})_{3\times3} = \begin{bmatrix} I_{2,0} & I_{2,1} & I_{2,2} \\ I_{1,0} & I_{1,1} & I_{1,2} \\ I_{0,0} & I_{0,1} & I_{0,2} \end{bmatrix} = \begin{bmatrix} I_{NW} & I_{NO} & I_{NE} \\ I_{OW} & 0 & I_{OE} \\ I_{SW} & I_{SO} & I_{SE} \end{bmatrix} \quad (5.31)$$

其中，$I_k = I_{i,j}$表示$Cell_k \cap I^V$是否为 ø，若$Cell_k \cap I^V = ø$，则$I_k = 0$；否则，$I_k = 1$。矩阵$I_{3\times3}$中一定存在两个元素$I_{i1,j1}$、$I_{i2,j2}$值为 1，即$I_{i1,j1} \cap I_{i2,j2} = 1$。

最后，任意两个格网$Cell_A \in A$、$Cell_B \in B$，它们的二进制二维编码分别为（$CodeB_A$，$CodeL_A$）和（$CodeB_B$，$CodeL_B$），那么，实体 A 相对于实体 B 的方位关系可定性地描述如下：

$$\begin{cases} Restricted_{North(A,B)}: i1 = i2 \ \& \ \max CodeB_A > CodeB_B \\ Restricted_{South(A,B)}: i1 = i2 \ \& \ CodeB_A < \max CodeB_B \\ Restricted_{West(A,B)}: j1 = j2 \ \& \ CodeL_A < \max CodeL_B \\ Restricted_{East(A,B)}: j1 = j2 \ \& \ \max CodeL_A > CodeL_B \\ North\_West(A,B): (i1 < i2, j1 < j2) \& (\max CodeB_A > CodeB_B \mid CodeL_A < \max CodeL_B) \\ North\_East(A,B): (i1 < i2 \ \& \ j1 > j2) \& (\max CodeB_A > CodeB_B \mid \max CodeL_A > CodeL_B) \\ South\_West(A,B): (i1 < i2 \ \& \ j1 > j2) \& (CodeB_A < \max CodeB_B \mid CodeL_A < \max CodeL_B) \\ South\_East(A,B): (i1 < i2 \ \& \ j1 < j2) \& (CodeB_A < \max CodeB_B \mid \max CodeL_A > CodeL_B) \end{cases}$$

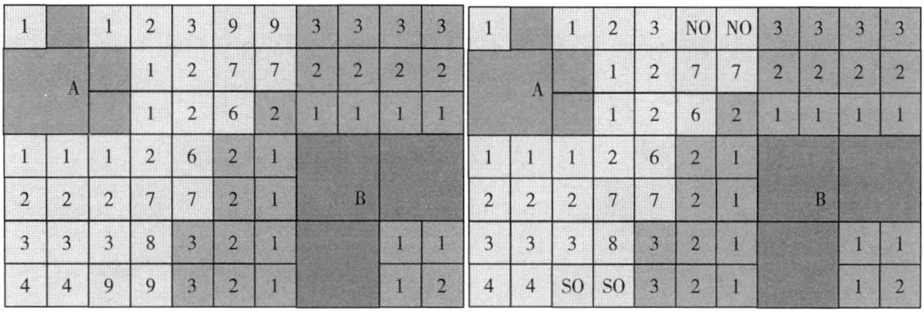

1		1	2	3	9	9	3	3	3	3
A			1	2	7	7	2	2	2	2
			1	2	6	2	1	1	1	1
1	1	1	2	6	2	1				
2	2	2	7	7	2	1	B			
3	3	3	8	3	2	1			1	1
4	4	9	9	3	2	1			1	2

1		1	2	3	NO	NO	3	3	3	3
A			1	2	7	7	2	2	2	2
			1	2	6	2	1	1	1	1
1	1	1	2	6	2	1				
2	2	2	7	7	2	1	B			
3	3	3	8	3	2	1			1	1
4	4	SO	SO	3	2	1			1	2

图 5－31　实体对象的方位关系判断方法示意

此外，还可以基于矩阵$I_{3\times3}$中取值均为 1 的两个元素$I_{i1,j1}$、$I_{i2,j2}$位置及球面格网距离，更为准确地定量计算实体之间的方位关系。如图 5－32 所示，两个深色格网之间的格网距离为$(\triangle CL, \triangle CB)_n$ =（3，6）n，由此计算它们之间连线的垂直平分线，其斜率为：

$$K = -\frac{\triangle CL}{\triangle CB} = -\frac{1}{2} \tag{5.32}$$

由此得到两个实体之间的方位关系。

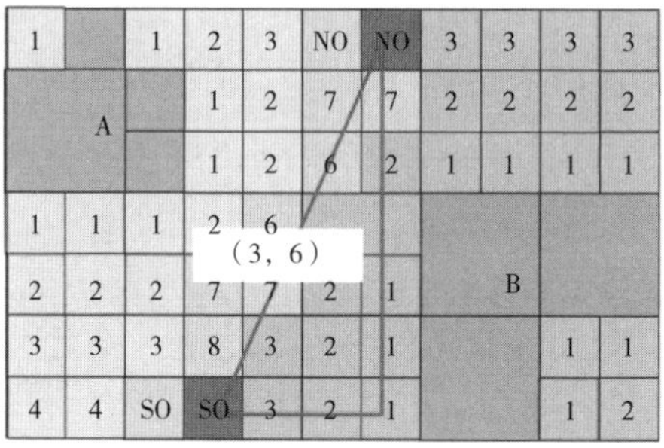

图 5-32 实体对象的方位关系定量计算方法示意

三 剖分编码计算体系

在剖分数据模型中，面向实体的空间操作均转化为基于格网的空间计算，而格网计算实质上就是格网编码的代数运算。2013 年，金安提出了 GeoSOT 编码代数体系，给出了编码运算的定义，但并未深入研究其运算规则。本部分重点研究与剖分数据模型相关的编码运算，并给出具体的运算规则，充分发挥 GeoSOT 二进制编码的运算优势，运算过程尽可能地采用逻辑位运算——与（∧）、或（∨）、异或（⊕）、非（~）、左移（≪）、右移（≫）和四则运算——加（+）、减（-）、乘（×）、除（÷），提高运算效率。

（一）剖分编码计算体系架构

剖分数据模型的计算体系是以 GeoSOT 剖分编码为基础，利用二进制位运算设计的一套编码之间的代数算法集合。剖分数据模型编码计算体系由空间基础运算、空间集合计算和典型空间分析三个部分组成，如图 5-33 所示。

（二）基于格网编码的空间基础运算

对于一个第 n 层级的格网 $Cell$，设格网 $Cell$ 的编码为 $Code$。

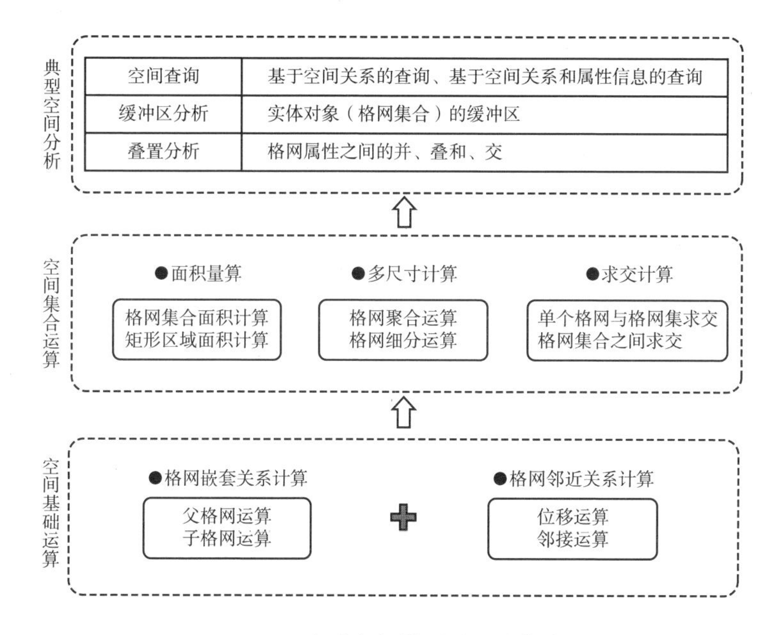

图 5-33　剖分数据模型编码计算体系

1. 格网嵌套关系计算

在 GeoSOT 格网框架下，嵌套关系是两个格网之间的一种内在关联关系，能够有效支撑地理要素的多尺度表达，此关系在剖分数据模型的计算体系中具体表现为父格网与子格网两种运算。

父格网运算是一项基础的空间索引计算：地理要素由小尺度（高层级）向大尺度（低层级）的聚合，主要依赖于小尺度格网的父格网计算。同时，父格网运算是地理实体编码的生成、实体与格网的关联基础。父格网运算包括两类运算：

（1）计算格网 *Code* 的第n_F级父格网：$Code_F = F_G$（*Code*，n_F）；

（2）判断 *CodeA* 是否为 *CodeB* 的父格网：J_F（*CodeA*，*CodeB*）。

同样地，子格网运算也是一项重要的基础空间索引计算：地理要素由大尺度（低层级）向小尺度（高层级）的细化，依赖于大尺度格网的子格网计算。同时，在地理实体编码的生成、实体与格网的关联中，实体的子格网计算是剖分尺度逐级细分的关键衔接环节。子格网运算包括两类运算：

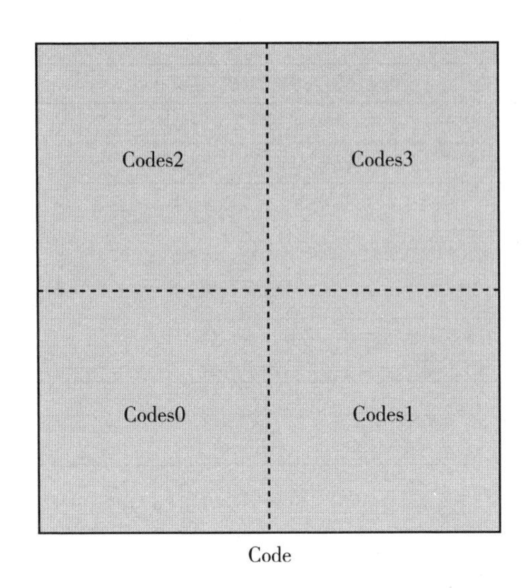

图 5-34 格网嵌套关系示意

（1）计算格网 *Code* 的第n_S级子格网：$Code_S = S_G$（*Code*，n_S）；

（2）判断 *CodeA* 是否为 *CodeB* 的子格网：J_S（*CodeA*，*CodeB*）。

2. 格网邻近关系计算

邻近关系是两个格网之间的另一种内在关联关系，该关系在剖分数据模型中具体表现为邻接运算与位移运算两种：

（1）位移运算：$Code_M = Move_G$（*Code*，V_M），V_M =（ΔV_B，ΔV_L），ΔV_B、ΔV_L分别为纬向、经向平移格网个数；

（2）距离量算：（$\triangle CL$，$\triangle CB$）$_n$ = Dis_G（*CodeA*，*CodeB*），（$\triangle CL$，$\triangle CB$）$_n$为两个格网之间的格网距离；

（3）邻接运算：$Code_A = Adj_G$（*Code*，T_A），T_A = -1、1、2 依次表示边邻接、角邻接和二者兼具。

位移操作是将一个格网经过纬向、经向平移到达另一个格网的过程，由于格网编码隐含区位信息，编码与常量相加、减可实现格网的位移操作。邻接运算是位移运算的基础，也是位移运算的一种特殊应用。

特别指出的是，此处距离量算$\mathrm{Distance}_G$中的两个格网为同一层级，若衡

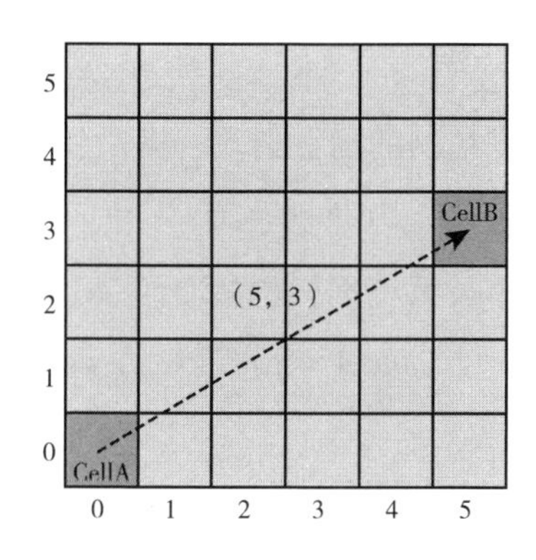

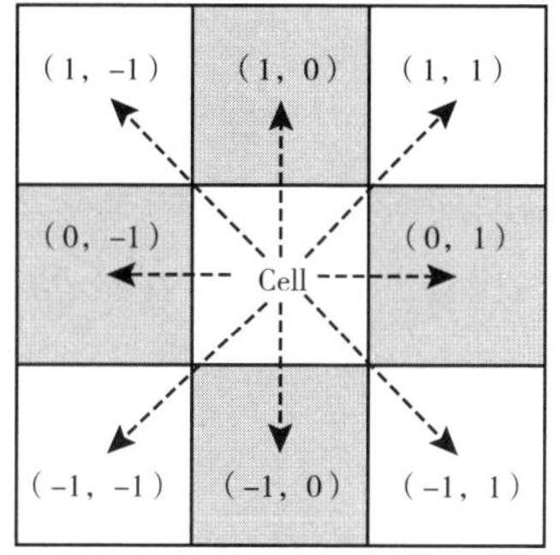

图 5-35 位移操作示意

量两个不同层级格网之间的距离，应采用集合多尺度计算，将较低层级格网细分为较高层级的子格网集合，利用对象之间的空间关系计算方法获得二者之间的距离。

（三）基于格网编码的空间集合运算

对于第 n 层级的格网集合 $Cells = \{cell_i \mid 0 \leqslant i \leqslant num\}$，对应的格网编码集合为 $Codes = \{code_i \mid 0 \leqslant i \leqslant num\}$，其中，格网$cell_i \in Cells$ 的编码为$code_i$。

1. 集合面积量算

在剖分数据模型中，地理实体抽象为格网集合，面积作为实体的一个几何参数，转化为格网集合的面积量算。同时，在关联格网映射算法中，矩形区域（MBC、MBR）的面积量算作为一项基础运算，是确定一个格网是否与对象关联的主要判决条件之一。因此，格网集合的面积量算具体表现为格网集合面积计算与矩形区域面积计算两种：

（1）格网集合面积计算：S_{Codes}；

（2）矩形区域面积计算：S_{Rec_Codes}，矩形区域覆盖格网集合 $CodeB \times CodeL = [CodeB_{min}, CodeB_{max}] \times [CodeL_{min}, CodeL_{max}]$，$CodeB$、$CodeL$ 分别为编码 $Code$ 的纬向、经向编码。

2. 集合多尺度计算

在对象之间的关联关系描述中，格网集合的多尺度计算是数据多尺度表达的基础运算。计算第 n 级格网集合 $Codes$ 在第n_a级的多尺度格网集：

$$Codes_A = Agg(Codes, n_a),$$

若$n_a > n$，则表示由大尺度格网向小尺度格网的细分运算；若$n_a < n$，则表示由小尺度格网向大尺度格网的聚合运算。

那么，判断第n_A级格网集合 $CodesA$ 与第n_B级格网集合 $CodesB$ 是否为同一实体的多尺度描述，可转化为判断等式 $CodesA = Agg$（$CodesB$，n_A）是否成立。

3. 集合求交计算

无论是实体之间空间拓扑关系计算，还是方位关系判断，格网（集合）之间的求交运算均为它们的核心基础运算。计算第n_A级格网集合 $CodesA$ 与第n_B级格网集合 $CodesB$ 的交集：

$$ICodes = I_{N \cap N}(CodesA, CodesB)$$

当 $CodesA$ 或 $CodesB$ 中恰有一个集合的元素个数为 1 时，上式表示单个格网与格网集合的交集运算；当 $CodesA$ 与 $CodesB$ 中集合的元素个数均为 1 时，上式退化为两个格网之间的交集运算，可通过判断格网嵌套关系来计算格网交集。

（四）基于格网编码的典型空间分析

空间分析是地理信息系统的核心功能之一，是地理信息系统区别于一般信息系统的主要功能特征（朱晓华、闾国年，2001）。空间分析的基础是地理空间数据库，包括空间查询、缓冲区分析、叠加分析、路径分析、空间插值等，本章以叠加分析为例，研究剖分数据模型中基于格网的典型空间分析。

空间叠加分析（Spatial Overlay Analysis）是地理信息系统最常用的提取空间隐含信息的手段之一，它是将多个主题数据进行叠加，从而产生一个新数据层的操作。传统数据模型中，空间叠加分析包括几何求交和属性分配两个过程，其结果综合了原来两层或多层要素所具有的属性（Maillot P. G.，1992）。

如图 5－36 所示，在剖分数据模型中，数据被以“格网＋属性”的形式记录在格元表中，多个数据层的属性依次关联至每个格网。因此，依序判断参与计算的数据层中编码之间的嵌套关系，即可对格网属性重新分配，进而形成各数据层之间的叠加。每个格网的属性判断结果如下：

$$Att(Code) = \bigcup_{i=1}^{Codenum} \sigma_i \times att_i \tag{5.33}$$

其中，σ_i表示格网 *Code* 是否具有属性att_i，取值 0、1。

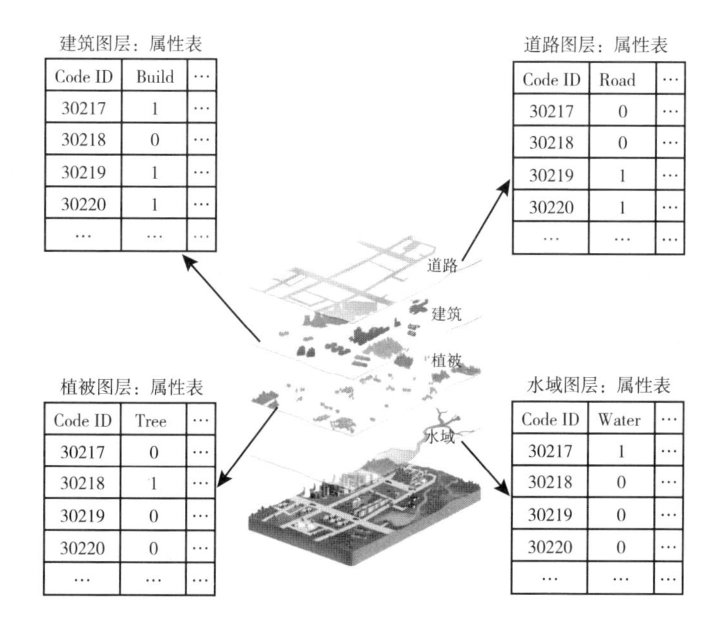

图 5－36　空间叠加计算示意

第五节　剖分数据模型物理层

空间数据模型物理层主要是描述数据在计算机中的物理组织、存取路径和数据库结构（Lee Y. C. and Isdale M.，1991；陈军，1993），是实现数据模型的关键环节，也是影响数据模型使用效能的主要因素之一（毋河海，1991）。本节将从剖分数据的物理存储结构、空间关联模式两个方面，介绍剖分数据模型的物理实现方法。

一 剖分数据的物理存储结构

（一）剖分数据表的设计

剖分数据具有格元和对象两种组织方式，本章对剖分数据的物理记录正是基于这两种方式，设计了格元表和对象表来组织实体：格元表中，以GeoSOT剖分编码作为数据表的主键，记录标识码ID，用于唯一地标识剖分空间的格网，同时记录格网内的各类关联信息，包括实体对象、属性信息等，便于面向区域的空间操作；对象表中，每个对象记录都具有标识码ID，用于唯一地标识确定一个空间对象，同时记录对象相关属性信息，满足现有系统对基于对象的传统数据操作；对象表和格元表通过格元表中Objects字段进行关联，支持格元—对象的协同关联操作。

如图5-37所示，对象表中，一个地理实体对应一条记录，记录了实体对象的详细空间区位信息和非空间属性；在格元表中，一个地理实体对应多条记录，将实体划分为多个格网单元，分别记录各个格网的非空间属性。

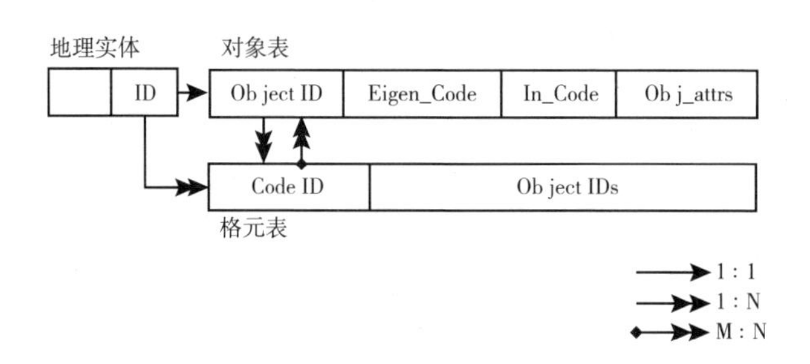

图5-37 地理实体的剖分数据表结构示意

对象表以地理实体的一体化格网编码来记录实体整体的空间区位信息，用Eigen-Code和In-Code两个字段分别标记实体对象的边界特征格网和内部最大内含格网，在一定精度下较好地保留实体的几何形状特征。同时，以Obj-Attrs字段集合记录对象的非空间属性，具体的字段设置由应用需求和场景决定。本章设计的对象表结构能够实现点、线、面对象的统一组织与管理，它们在对象表中的物理存储结构如表 5－3 至表 5－6 所示。

表 5－3　点实体在对象表中的物理存储表结构

点实体 ID	格网编码 Eigen-Code	属性 Obj-Attrs	…
P_Id1	code	P_attrs	…
…	…	…	…
P_IdN	code’	P_attrs’	…

表 5－4　线实体在对象表中的物理存储表结构

线实体 ID	格网编码 Eigen-Code	属性 Obj-Attrs	…
L_Id1	code1,code2, …,codeN	L_attrs	…
…	…	…	…
L_IdN	code1’,code2’, …,codeN’	L_attrs’	…

表 5－5　面实体在对象表中的物理存储表结构

面实体 ID	边界格网编码 Eigen-Code	内部格网编码 In-Code	属性 Obj-Attrs	…
A_Id1	code1,code2, …,codeN	code	A_attrs	…
…	…	…	…	…
A_IdN	code1’,code2’, …,codeN’	code’	A_attrs’	…

表 5－6　实体在格元表中的物理存储表结构

格网编码 CodeID	对象 ObjectIDs	属性集 Code-Attrs
code1	Id1,Id2,…,Id9	Code_attrs1
code2	Id5,Id1,…,Id8	Code_attrs2
code3	Id3,Id6,…,Id9	Code_attrs3
code4	Id10,Id1,…,Id6	Code_attrs4
code5	Id0,Id2,…,Id4	Code_attrs5
…	…	…
codeN	Id1’,Id2’,…,IdS’	Code_attrsN

格元表以多尺度的格网编码 CodeID 为主键，记录与格网相交的实体对象集 ObjectIDs，如表 5－6 所示。因此，格元表也可称为剖分关联表，为格元与实体对象搭建“桥梁”。那么，从物理存储角度来看，剖分数据模型既是一种面向格网的数据组织模型，也是一种面向对象的组织模型，可以提供格网—对象的协同服务。当研究区域一定时，表的行数（相关的格网个数）是确定的，同样地，表的结构也可视用户需求而变化，增加检索频率较高的属性集 Code-Attrs，适应格网化区域与属性联合查询等操作。

（二）多尺度格网编码降维算法

在 GeoSOT 地球剖分空间中，相同层级格网的编码具有唯一性，而不同层级格网编码无法保持唯一。如图 5－38 所示，第 2 层级格网 *CellA* 的二进制一维编码为 0011，第 3 层级格网 *CellB* 的二进制一维编码为 000011，它们在计算机中的整型存储结果完全一致，均为整数 3，但它们对应不同的球面区域。这是因为对于 GeoSOT 多尺度剖分空间，除了球面的二维空间以外，尺度维作为一个新增维度，使球面格网变成三维空间，而格网编码的生成基于空间填充曲线，它能将每一尺度下的球面空间压缩为一维编码，但并未考虑尺度维的影响。然而，格元表中以格网编码作为主键，编码是各个格网之间相互关联的“桥梁”，编码的唯一性需求不言而喻。

要想实现格网编码的唯一性，必须对多尺度格网编码降维。

设第 n 层级格网编码 $Code_n$ 的多尺度格网编码为 $Code'$。自第 31 层级格网开始，其多尺度编码 $Code' = Code_{31} \times 2$，第 30 层级格网多尺度编码取第 31 层级 4 个子格网编码的平均值，逐级向上，第 i 层级格网的多尺度编码是第 $i+1$ 层级的 4 个子格网编码 $Code_{i1}$、$Code_{i2}$、$Code_{i3}$、$Code_{i4}$ 的平均值，即 $Code' = (Code_{i1} + Code_{i2} + Code_{i3} + Code_{i4})/4$。这种方法的几何意义如图 5－39 所示，自第 31 层级开始，以 Z 序依次连接该层级格网，当即将连接第 i 层级的两个角相邻格网时，先向上连接该格网所在第 $i-1$ 层级的父格网，然后继续第 i 层级的连接，逐级连接，直至第 31 层级格网被完全填充。

多尺度格网编码具有以下性质：

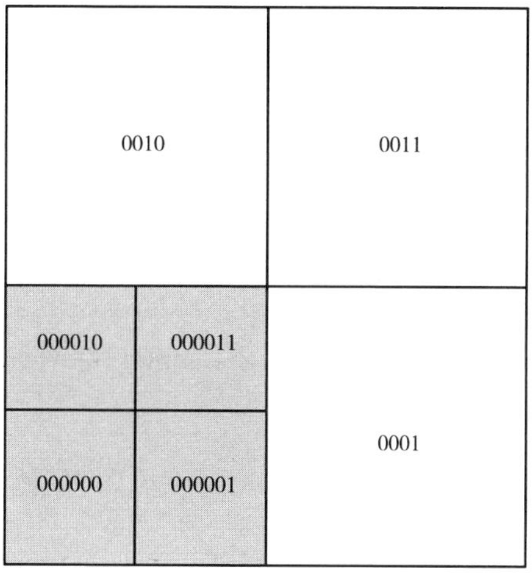

0010
0011
000010
000011
0001
000000
000001

图 5-38 多尺度格网编码值不唯一示例

第29层
15
第30层
19
27
3
11
第31层
20
22
28
30
16
18
24
26
4
6
12
14
0
2
8
10

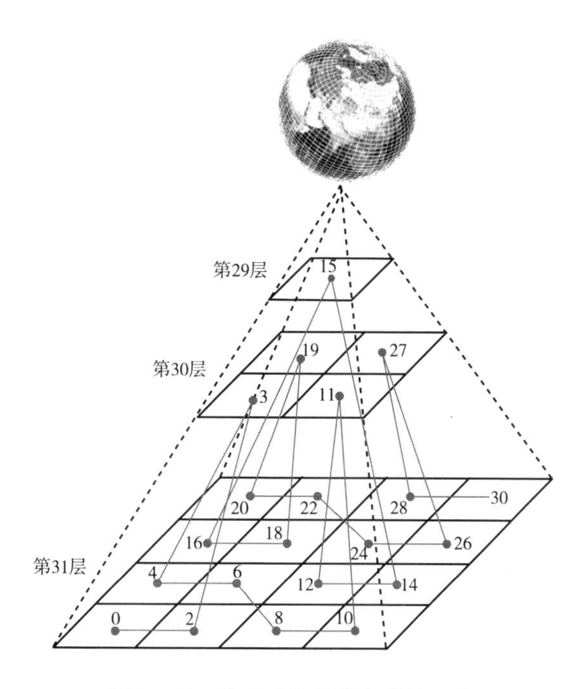

图 5-39 多尺度格网填充曲线示意

（1）第 i（$0 \leqslant i \leqslant 31$）层级 GeoSOT 格网的多尺度编码起始值（最小值）为$4^{31-i}-1$。特别地，第 0 层级 GeoSOT 格网即为全球，其多尺度编码就是$4^{31}-1$；

（2）第 i（$0 \leqslant i \leqslant 31$）层级 GeoSOT 格网的多尺度编码间隔为 $2 \times 4^{31-i}$；

（3）当 $i=31$ 时，多尺度编码为偶数，当 $0 \leqslant i < 31$ 时，多尺度编码为奇数。

由此，可以推出多尺度格网编码与 GeoSOT 格网编码之间的相互转换算法：

第 i 层级 GeoSOT 格网编码$Code_i$到多尺度格网编码 $Code'$的映射 f：

$$Code' = 4^{31-i}(2 \times Code_i + 1) - 1; \tag{5.34}$$

多尺度格网编码 $Code'$到第 i 层级 $GeoSOT$ 格网编码$Code_i$的映射 g：

$$\begin{cases} i = 31 - \dfrac{log_2(x \mid (x+1) - x)}{2} \\ Code_i = \dfrac{Code' + 1}{2^{63-2i}} - \dfrac{1}{2} \end{cases} 。\tag{5.35}$$

二　格元—对象的空间关联模式

在剖分数据表中，剖分数据具有格元和对象两种存储结构，无论是格元表，还是对象表，格元—对象的空间关联关系是构建剖分数据表的基础。

（一）格元—对象的空间关联关系

格元与对象之间的关联关系体现在格元表中的 ObjectIDs 字段与对象表中的 Eigen_ Code、In_ Code 字段。设计 ObjectIDs 字段的初衷是建立实体对象与格元的关联关系，兼容目前以对象为组织单元的海量历史数据，联合对象表提供基于格元—对象的协同查询功能。当需要获取某一空间实体或区域范围所涉及的各种信息时，根据相应的格网编码，即可找到与之相关联的所有实体对象属性信息。

一个格网的属性信息影响着与之嵌套的各个层级格网，第 i 层级格网 *Cell* 所属区域的属性信息包括三个部分：一是格网 *Cell* 内记录的对象属性集合；二是子格网 $\{SCell_i\}$ 内记录的对象属性集合，其中，$\{SCell_i\}$ 为 $Cell$ 的第 $i+1$、$i+2$、…、31 层级子格网集合，$\{SCell_i\}$ 的数量为：

$$Num(SCell_i) = 4 + 4^2 + \cdots + 4^{31-i} = \frac{(4^{32-i} - 4)}{3}; \tag{5.36}$$

三是父格网 $\{FCell_i\}$ 内记录的对象属性集合，其中，$\{FCell_i\}$ 为 $Cell$ 的第 $i-1$、$i-2$、…、0 层级父格网集合，$\{FCell_i\}$ 的数量 $Num\ (FCell_i)\ =i$，针对父格网内记录的每一个实体对象，需要根据实体编码进一步判断，若实体精度层级不小于 i 且与格网 $Cell$ 相交，则格网 $Cell$ 继承与之相交的实体属性。精度层级的限定是因为当精度层级小于 i 时，数据精度较低，在第 i 层级下即使作为查询结果也很难辨识，以精度层级为 12 的我国省级行政区划相关信息与精度层级为 20 的北京市地铁线路信息为例，当查询北京某小区（相当于一个第 18 层级格网）相关信息时，省级行政区划的信息过于粗略，地铁线路信息精度高且实用。以上三个部分就建立了格网与实体对象之间的关联规则。

设计 Eigen_ Code、In_ Code 字段的目的则是根据实体编码快速恢复实体的格网化描述，便于实体的精确表达与空间分析，由 Eigen_ Code、In_ Code 转换为实体格网化描述的过程，可采用实体编码反解算法。

此时，需要考虑一个操作性能问题：一个实体的剖分建模结果分为两个部分，一是在对象表中插入一条新数据，二是在格元表中建立它与所覆盖的所有格网的关联关系。但是，一个实体在确定的精度下覆盖的格网个数通常不止一个，有时甚至成千上万个，一个对象的插入将影响格元表中的多条记录，不仅影响数据入库效率，还将为数据查询带来极大冗余。为解决该问题，下面将研究如何将实体对象关联至有限的多尺度格网单元，从而提供面向格网的对象数据粗查询，要想获得精细的查询结果，可以在粗查询基础上，通过进一步地精细判断实现精查询。

（二）对象的有限格网关联映射算法

对象的有限格网关联映射是将对象映射至有限格网的过程，是建立格网与对象之间关联关系的重要前提。结合格元—对象关联规则，该算法与自上而下的格网集合聚合算法相似，均是基于实体对象的最小外包格网（MBC）。所谓最小外包格网，即能够完全包含实体对象在球面投影的最小格网（程承旗、郭晖，2007）。但在一般情况下，不容易恰好找到一个既能包含实体对象、自身面积又不过大的格网，此时用多个格网组成一个格网集合来作为实体的最小外包格网集合 $MBC = \{Cell_i\}$。

在球面内寻找空间实体的 MBC 时，为减少复杂的求交运算，使用空间实体在球面上投影的最小边界矩形 $MBR = CellB \times CellL = [CellB_{min}, CellB_{max}] \times [CellL_{min}, CellL_{max}]$（$CellB$ 和 $CellL$ 分别是 GeoSOT 格网的纬向和经向编码）作为输入条件。单个最小外包格网的求取相当于求解 MBR 四个角点的公共父面片，可由以下算法完成：

Step1：将 $CellB_{min}$、$CellB_{max}$、$CellL_{min}$ 和 $CellL_{max}$ 转换为 32 位的二进制数，令 $i=1$；

Step2：判断是否同时满足"$CellB_{min}$ 和 $CellB_{max}$ 的第 i 位相同""$CellL_{min}$ 和 $CellL_{max}$ 的第 i 位相同"这两个条件；

Step3：若满足，$i++$，重复 Step2；否则，转入 Step4；

Step4：将 $CellB_{min}$ 和 $CellL_{min}$ 的第 i 位及后面所有位的值置 0，即为所求 MBC 的纬向和经向二进制整型编码，MBC 的层级为 i。

如图 5-40 所示，黄色区域是实体对象 O 的最小边界矩形，该区域可用 GeoSOT 格网的二进制二维字符型编码表示为 MBR = [001000，001011] × [000100，000111]，将边界转换为 32 位的二进制数：$001000 \rightarrow 1000_{(2)} \ll 26$、$001011 \rightarrow 1011_{(2)} \ll 26$、$000100 \rightarrow 100_{(2)} \ll 26$、$000111 \rightarrow 111_{(2)} \ll 26$，那么，MBC 的二进制二维编码为 $CellB = 10_{(2)} \ll 28$、$CellL = 1_{(2)} \ll 28$，其四进制一维字符型编码为 0021。

但是，绝大多数情况下，实体并非恰好落在 MBC 内且 MBC 与 MBR 的面积相差较大，不能正确反映对象的关联区域，如图 5-41 中 MBC 的编码同样为 0021，但显然与 MBR 的面积比过大。

此时，需要用一个格网集合来表示 MBC，将一个实体对象关联至多个格网，可采用递归算法实现：

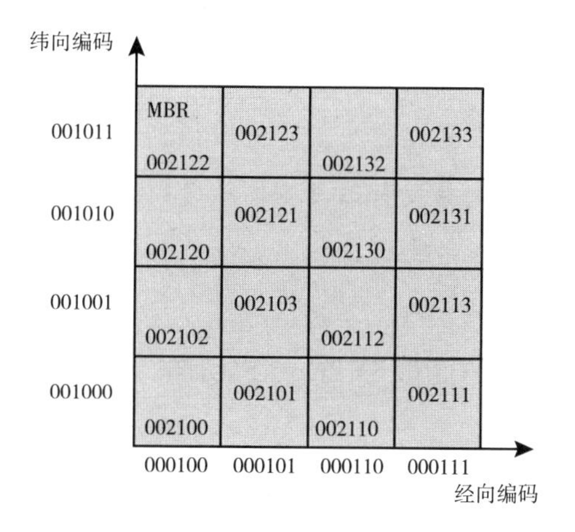

图 5-40 单个格网的情况

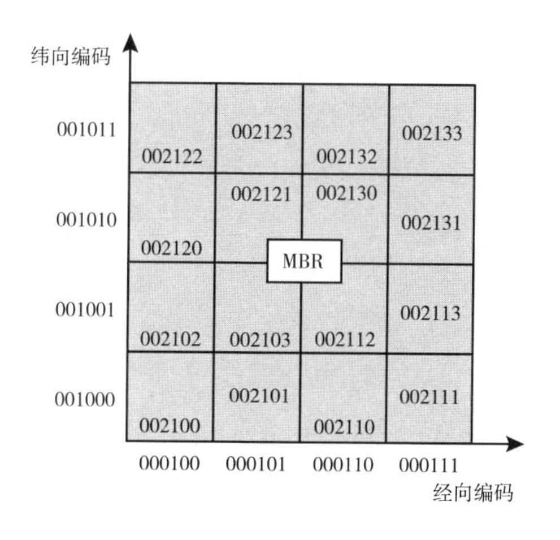

图 5-41 多个格网的情况

Step1：若 MBC 的层级大于预设的最小剖分层级 L，则取 MBC 编码在层级 L 上的父格网作为单个最小外包格网，算法结束；

Step2：参照预设的面积比阈值 T：如果 MBR 的面积与 MBC 面积的比值大于 T，则将 MBC 加入集合；否则将 MBC 分割为多个子格网，转入 Step3；

Step3：依次令 MBC = 子格网、MBR = 子格网内区域最小外包格网，重复 Step2，直到 MBC 的层级 = L。

算法中，最小剖分层级 L 和面积比阈值 T 需要人为指定。如果面积比过大，或最小剖分层级过小，则用于关联的格网数目会过多，造成不必要的存储空间浪费；反之，面积比过小，则难以得到合理的关联结果。L 可根据实际应用中的空间最小划分尺度以及实体精度层级而定；T 可根据实体对象影响范围和自身面积的比值来设定，当设为 0.5 时，意味着实体对象可影响自身面积 2 倍大小的区域。

计算 MBC 和 MBR 的面积 SMBC 和 SMBR，均可转化为一组格网的面积之和。

第六章
剖分数据模型科学性论证

上一章提出了一种新型空间数据模型——剖分数据模型，设计并阐述了模型的三层架构体系。但是，该模型是否能够解决、如何解决传统数据模型在大数据环境下存在的问题？本章将从正确性、完备性和一致性三个方面展开理论分析，论证剖分数据模型的科学性，探索空间数据的剖分服务模式。

第一节　剖分数据模型的正确性分析

本章对模型的正确性分析体现在现有空间数据剖分建模的可行性、空间数据编码化计算的可行性，以及海量数据多尺度展示的合理性三个方面。

一　传统空间数据剖分建模的可行性

当前业务体系中存在的历史数据对于分析与反映某些空间现象具有重要价值，但是它们采用传统数据结构来组织。一种新型的空间数据模型，在实际的应用推广中，应充分考虑其对传统数据的继承性，本节重点探讨矢量数据、栅格数据剖分建模的可行性。

如何将矢量图、遥感影像等传统空间数据转换至剖分空间，用剖分数据模型继承矢量、栅格数据？一方面，矢量数据将地理实体抽象为一定描述精度下的点对象、线对象和面对象，而在剖分数据模型中，格网是构成实体的基本单元，点对象可由某一尺度的格网单元表达，线和面对象由一组相邻的球面格网单元集合表达。因此，矢量数据向剖分空间的转换即空间对象映射为格网集合的过程，称为矢量剖分化。矢量剖分化类似于“矢量栅格化”，均是由规则区域统一组织对象的边界与内部空间，但也存在明显不同：后者采用的规则区域是单一尺度的，而前者是多尺度的。另一方面，栅格数据模型是基于连续铺盖的，铺盖单元可以分为规则的和不规则的。剖分数据和基于规则四叉树的栅格数据类似，均是由规则区域统一组织对象的边界与内部空间，但也存在以下几点不同：一是后者采用的规则区域是单一尺度的，而前者是多尺度的；二是后者的铺盖单元在真实地理空间中的区位信息缺乏统一参考基准；三是后者的每个单元仅记录其灰度值，其他属性信息与像素单元之间无直接关联。

下面将研究矢量数据与剖分数据之间转换的具体方法，进一步论证传统数据剖分建模的可行性。

（一）剖分数据转换为矢量数据的方法

对于第 *Level* 层级的格网$ECode_i$来说，以$ECode_i$中心对应的经纬度点P_i（Lat_i，Lon_i）作为矢量边界点串中的一个元素，以$ECode_i$作为P_i（Lat_i，Lon_i）的误差区域，格网的尺度即矢量描述的精度。因此，格网中心点的计算是转换的核心。

任意一个第 n 层级的格网$Cell_n$，均可映射至经纬度坐标空间中的一个近正方形区域 $R=(L_{min}, L_{max})\times(B_{min}, B_{max})$，$R$ 中距离剖分空间原点最近的点，即格网定位角点为（L，B）；$Cell_n$的二进制二维编码为$Code_n$（$CodeL_n$，$CodeB_n$），从而构成剖分编码到经纬度坐标的映射：

$$f^{-1}(CodeL_n, CodeB_n) \to (L, B)$$

$$\begin{cases} L = (CodeL_n \gg 23)^{\circ} + (CodeL_n \ll 9 \gg 26)' + (CodeL_n \ll 15 \gg 15)'' \\ B = (CodeB_n \gg 23)^{\circ} + (CodeB_n \ll 9 \gg 26)' + (CodeB_n \ll 15 \gg 15)'' \end{cases} \tag{6.1}$$

在同一剖分层级下，GeoSOT 格网在真实地理空间的尺寸并非完全一致，这是由三次扩展带来的，因此，若直接将定位角点坐标横向、纵向分别平移剖分空间中格网尺寸的一半，未必得到格网的中心点。但是，如图 6－1 所示，格网 A 的定位角点（L_A，B_A）和格网 B 的定位角点（L_B，B_B）之间的中点即格网 A 的中心点（L_{mid}，B_{mid}）。其中，格网 B 的编码$Code_B$可由格网 A 的编码$Code_A$邻接搜索得到，即$Code_B = Code_A +_G (1, 1)$，由（6.1）式可计算（$L_B$，$B_B$），那么：

$$\begin{cases} L_{\text{mid}} = \dfrac{(L_A + L_B)}{2} \\ B_{\text{mid}} = \dfrac{(B_A + B_B)}{2} \end{cases} \tag{6.2}$$

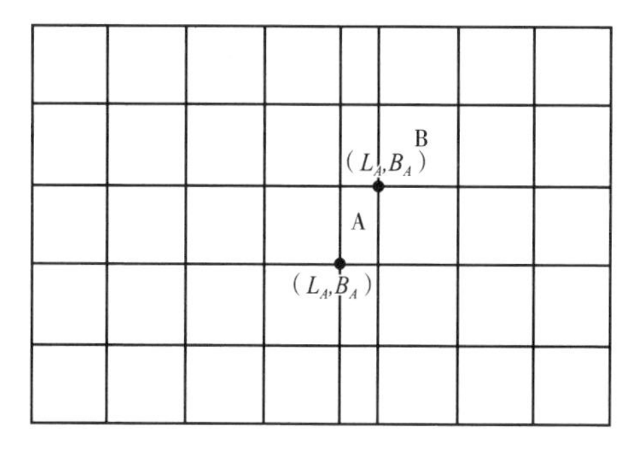

图 6－1　格网中心点计算方法示意

以图 6－2 中的区域为例，先计算边界特征格网$Cell_i$的中心点，再依次连接各中心点，从而得到一个矢量面目标。

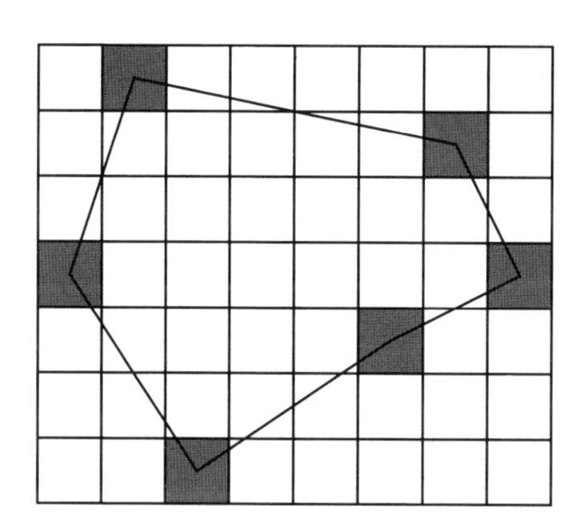

图 6－2　剖分数据矢量化方法示意

（二）矢量数据转换为剖分数据的方法

矢量数据转换为剖分数据的基本思路：对于精度为 r 的矢量数据，首先判断其在剖分空间中的对应层级 *Level*，并计算边界点P_i（Lat_i，Lon_i）所属的 *Level* 层级格网$Code_i$；其次，从$Code_i$中筛选边界特征格网$ECode_i$、填充得到所有边界格网；最后，利用边界格网集合，采用上文提出的基于边界连续格网的内部格网填充算法来判断内部区域的最大内含格网。可见，计算点所归属的剖分格网编码是转换的基础算法。

任意一个经纬度坐标 P（L，B）$\{L \in (-180, 180], B \in (-90, 90]\}$，$L = L_d°L_m'L_s''$且 $B = B_d°B_m'B_s''$，均可映射至剖分空间中任意层级 n 的一个格网$Cell_n$，其二进制二维编码为$Code_n$（$CodeL_n$，$CodeB_n$），故经纬度坐标到剖分编码的映射：

$$f:(L,B) \rightarrow (CodeL_n, CodeB_n)$$
$$\begin{cases} CodeL_n = (L_d \ll 23 \mid L_m \ll 17 \mid L_s \ll 11) \gg (32-n) \ll (32-n) \\ CodeB_n = (B_d \ll 23 \mid B_m \ll 17 \mid B_s \ll 11) \gg (32-n) \ll (32-n) \end{cases} \tag{6.3}$$

下面分别针对点、线、面对象的转换方法展开详细阐述。

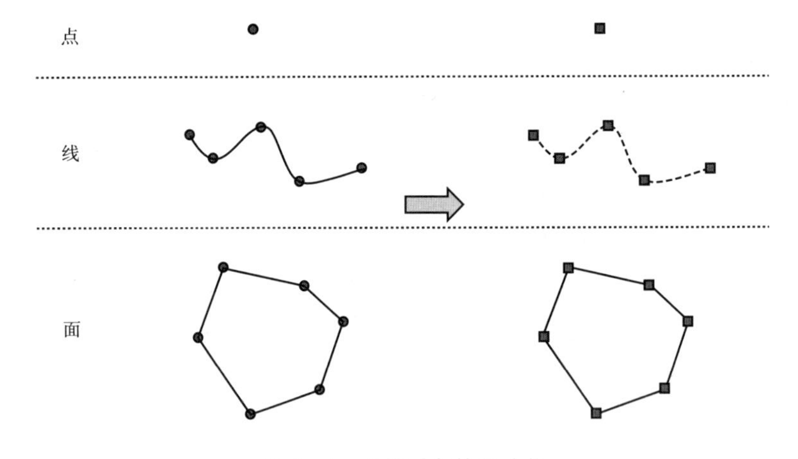

图 6－3 矢量对象的剖分化

首先，点对象的剖分化。点对象 P（L，B）映射为剖分空间中的一个格网 *Cell*，其剖分化结果并无边界格网与内部格网之分。因此，点对象转换为剖分数据的步骤：利用式（6.3）计算 P（L，B）所属的 *Level* 层级格网$Code_P$即可。

其次，线对象的剖分化。线对象 $\{P_1(L_1, B_1), \cdots, P_{n-1}(L_{n-1}, B_{n-1}), P_n(L_n, B_n)\}$（$P_n(L_n, B_n) \neq P_1(L_1, B_1)$）映射为剖分空间中的一个格网集合，有边界格网，但无内部格网。因此，线对象转换为剖分数据的步骤：先利用上式计算边界点 $P_i(Lat_i, Lon_i)$ 所属的 $Level$ 层级格网 $Code_i$；再从 $Code_i$ 中筛选边界特征格网 $ECode_i$。当然，也可以直接将 $\{Code_i\}$ 作为线对象的剖分化结果。

最后，面对象的剖分化。面对象 $\{P_1(L_1, B_1), \cdots, P_{n-1}(L_{n-1}, B_{n-1}), P_n(L_n, B_n)\}$ $[P_n(L_n, B_n) = P_1(L_1, B_1)]$ 映射为剖分空间中的一个格网集合，有边界格网，无法确定是否有内部格网。因此，面对象转换为剖分数据的步骤是在点对象和线对象剖分化结果的基础上，对全部边界格网、内部格网进行填充，从而判断最小内含格网即可。

对于待剖分化处理的空间对象 A，按照边的顺序由 n 个首尾依次连接的边界节点 $\{P_1(L_1, B_1), \cdots, P_{n-1}(L_{n-1}, B_{n-1}), P_n(L_n, B_n)\}$ 来描述，其在第 $nlevel$ 层的剖分化结果为边界格网集与内部格网集的二元组 $(\{Code_{边界}\}, \{Code_{内部}\})$。其中，边界格网集指空间对象边界线依次穿过的剖分网格集合，在边界节点格网空间不相邻的情况下，节点格网的填补是必要的，因此，边界格网编码集的计算应分为边界节点的网格化和节点格网的连接两个步骤。

第一步：对于两个相邻边界节点 $P_{i-1}(L_{i-1}, B_{i-1})$、$P_i(L_i, B_i)$，假设 $B_i \geqslant B_{i-1}$，将经纬度坐标转换为二维剖分编码 $Code_{P_{i-1}}(CodeL_{i-1}, CodeB_{i-1})$ 和 $Code_{P_i}(CodeL_i, CodeB_i)$。

第二步：对节点格网进行填补。由于剖分格网的区域特性，直接根据节点格网的定位角点或中心点连线来填补均不准确（如图 6－4（a）所示），因此，仍根据原始的节点坐标来填补节点格网。如图 6－4（b）和图 6－4（c）所示，自下而上地记录介于 B_{i-1} 和 B_i 之间的纬向格网线 $\{B_{j0}, B_{j1}, \cdots, B_{jt}\}$（$B_{i-1} < B_{j0} \leqslant B_{j1} \leqslant \cdots \leqslant B_{jt} < B_i$，分别计算纬向网格线 B_{jk} 和 $B_{j(k+1)}$ 与边 L 的交点 $I_{jk}(L_{jk}, B_{jk})$ 和 $I_{j(k+1)}(L_{j(k+1)}, B_{j(k+1)})$，那么 (L_{jk}, B_{jk}) 和 $(L_{j(k+1)}, B_{jk})$ 所在的格网 $(CodeL_{jk}, CodeB_{jk})$ 和 $(CodeL_{j(k+1)}, CodeB_{jk})$

构成了纬向编码$CodeB_{jk}$对应的边界格网闭区间。

特别地，对于图6－4（d）中边L与纬向网格线交点I为格网*Cell*定位角点的特殊情况，上述边界填补方法会出现多余边界格网*Cell*，为解决该问题，在计算每个纬向编码的边界格网闭区间时，可在边界交点中加入扰动常量：若$L_i \geqslant L_{i-1}$，纬向编码$CodeB_{j(k-1)}$对应的边界格网闭区间为：

$\{(CodeL, CodeB) \mid CodeL_{j(k-1)} + 1 \leqslant CodeL \leqslant CodeL_{jk} - 1, CodeB = CodeB_{j(k-1)}\}$，

反之，为：

$\{(CodeL, CodeB) \mid CodeL_{jk} + 1 \leqslant CodeL \leqslant CodeL_{j(k-1)} - 1, CodeB = CodeB_{j(k-1)}\}$。

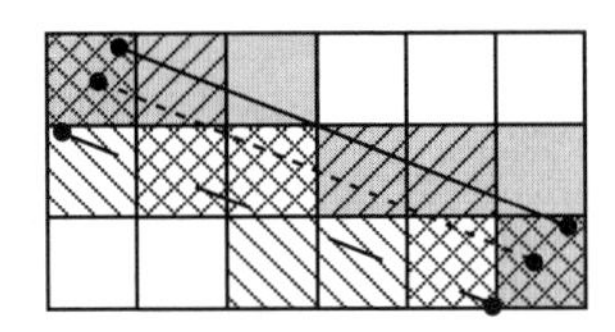

（a）经纬度节点、网格定位角点与中心点填补结果对比

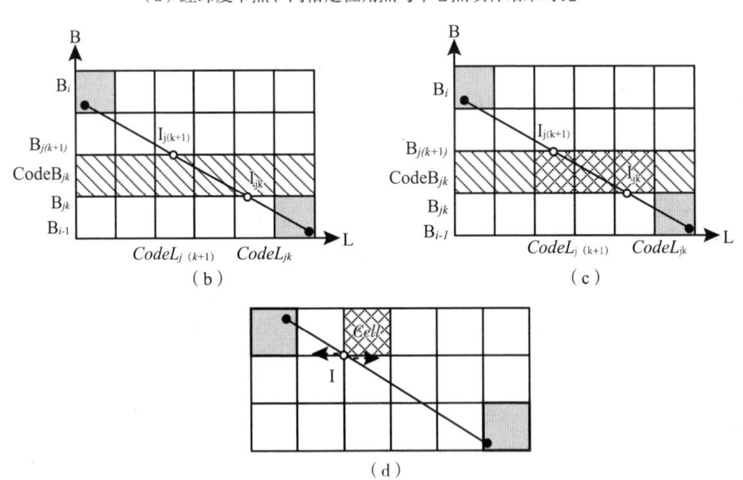

图6－4 纬向编码*CodeB*的边界格网填补方法

对于纬向编码相同的边界格网闭区间，区间内的网格是由区间端点的邻近搜索计算得到的，即经向编码的邻近计算，经向编码*CodeL*的左邻网格经

向编码和右邻网格经向编码分别为：

$CodeL^{-} = CodeL - (1 << nlevel)$，$CodeL^{+} = CodeL + (1 << nlevel)$；

而边 L 端点间的纬向格网线的依序更替，即纬向编码的邻近计算，纬向编码 $CodeB$ 的下邻网格纬向编码和上邻网格经向编码分别为：

$CodeB^{-} = CodeB - (1 << nlevel)$，$CodeB^{+} = CodeB + (1 << nlevel)$。

上文设计的空间对象剖分化算法，可从实现角度分为边界节点的格网化、包容盒网格矩阵的确定、边界格网的填补以及内部格网填充四个步骤，其具体流程如下：

Step1：遍历空间对象 O 的边界节点 $\{P_i\}$，将每个节点依次转换为剖分层级为 $nlevel$ 的节点编码 $\{Code_i\}$，并记录边界节点的包容盒网格范围 R；

Step2：生成 $m \times n$ 的包容盒网格矩阵 $V = (v_{ij})$，当 $j = n$ 时，$V_{ij} = -1$，否则，$V_{ij} = 0$；

Step3：依次对节点网格编码 $Code_{\mathrm{i}}$ 与 $Code_{\mathrm{i+1}}$ 进行填补，生成边界网格集合 $\{Code_{边界}\}$，并将 V 中相应网格元素值设置为 1，设 $i = 1$；

Step4：设标志 $Flag$ = Flase，由左至右地逐个访问矩阵 V 中的元素 V_{ij}：若 $V_{ij} = 1$ 且 $V_{i,j+1} = 0$，则将 $Flag$ 取反；若 $V_{ij} = 0$ 且 $Flag$ = true，则 $V_{ij} \in \{Code_{内部}\}$。$i = i + 1$，重复 Step4，直至结束。

（三）剖分数据与栅格数据之间的转换方法

在剖分空间，栅格数据可看作某单一尺度下的剖分数据，从这一层面看，栅格数据是剖分数据的一个特例，当每个格网用一个像素来表达，即每个格网退化为其中心点坐标时，二者等价。其中，坐标点到像素坐标的计算方法采用传统经纬度转换方式。

二　空间数据编码化计算的可行性

上一章提出了剖分数据模型的编码计算体系，包含空间基础运算、空间集合运算和空间分析等，本章将给出各种运算的定义与规则，分析编码计算的可行性，并在此基础上论证空间分析的高效性。

（一）基于格网编码的空间基础运算

对于一个第 n 层级的格网 *Cell*，设格网编码为 *Code*，编码具有二进制一维整型、二进制二维整型、十进制二维浮点型、四进制一维字符型、多尺度整型等形式，各形式编码分别为 *b1Code*、*b2Code* =（*code_B*，*code_L*）、d2Code =（*dcode_B*，*dcode_L*）、*q1Code*、*mlCode*。在计算体系中，GeoSOT 格网编码采用二进制一维、十进制二维和多尺度一维三种形式。

1. 嵌套关系计算

（1）父格网查找运算：$Code_F = F_G(Code, n_F)$

"F_G" 定义：在剖分空间中，计算包含第 n 级格网 *Code* 的第 n_F（$n_F < n$）级格网 $Code_F$ 的二目运算。由于 GeoSOT 剖分格网具有无缝无叠的嵌套特性，一定存在一个第 n 层级的格网，格网编码 *Code* 和层级 n_F 为自变量，因变量 $Code_F$ 的编码形式与 *Code* 保持一致。

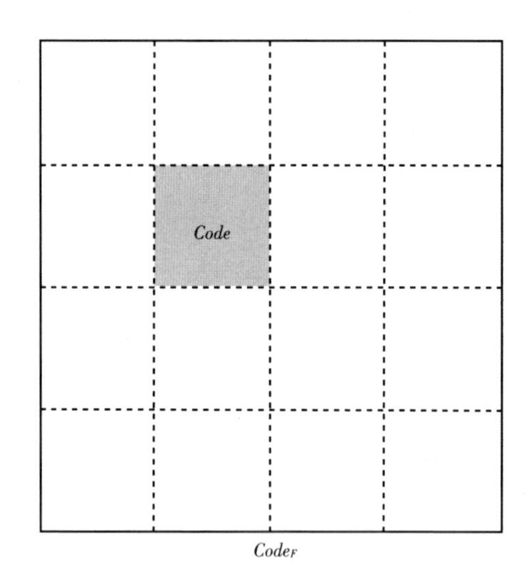

图 6-5 父格网计算的几何含义

"F_G" 的运算规则：

$F_G(b1Code, n_F) = b1Code \gg (64-2\times n_F) \ll (64-2\times n_F)$；

$F_G(b2Code, n_F) = (Code_{F\_}B, Code_{F\_}L)$

$= (b2Code\_B \gg (32-n_F) \ll (32-n_F),\ b2Code\_L \gg (32-n_F) \ll (32-n_F))$。

例如，四进制一维编码 $q1Code$ = G0000131021200132，其二进制一维编码 $b1Code = 1110100100110000001111 0 \ll 32$，那么，$Code_F = F_G(b1Code, 10) = 1110100100110000001111 0 \ll 32 \gg 44 \ll 44 = 11101001001 \ll 44$，$Code_F$ 的四进制一维编码为 G0000131021，满足与编码 $q1Code$ 的一致性。

2. 父格网判断运算：$J_F(CodeA, CodeB)$

"J_F" 定义：判断第n_A层级格网 $CellA$ 是否为第n_B层级格网 $CellB$ 父格网的二目运算。其中，格网编码 $CodeA$ 和 $CodeB$ 为自变量，且二者的先后顺序不可调换，运算结果取值 {0，1}。若 $CellA$ 是 $CellB$ 的父格网，则 $J_F(CodeA, CodeB) = 1$，否则，$J_F(CodeA, CodeB) = 0$。

"J_F" 的运算规则：

$J_F(b1CodeA, b1CodeB) = \sim\sim[b1CodeA \oplus F_G(b1CodeB, n_A)]$；

$J_F(b2CodeA, b2CodeB) = \sim\sim J_1 \wedge \sim\sim J_2$

其中，$J_1 = b2CodeA\_B \oplus Code_F\_B$；

$J_2 = b2CodeA\_L \oplus Code_F\_L$；

$F_G(b2CodeB, n_A) = (Code_F\_B, Code_F\_L)$，$n_A < n_B$。

例如，四进制编码 $q1CodeA$ = G0000131021 和 $q1CodeB$ = G0000131021200132，其二进制一维编码 $b1CodeA = 11101001001 \ll 44$、$b1CodeB = 1110100100110000001111 0 \ll 32$，那么$J_F(b1CodeA, b1CodeB) = \sim\sim[11101001001 \ll 44 \oplus F_G(1110100100110000001111 0 \ll 32, 10)] = 1$，$CellA$ 是 $CellB$ 的父格网，与真实情况一致。

（1）子格网查找运算：$Code_S = S_G(Code, n_S)$

"S_G" 定义：在剖分空间中，计算第 n 级格网 $Code$ 包含的第 n_s（$n_s > n$）层级格网 $Code_s$的二元运算。与父格网运算F_G不同的是，一个格网在指定层级的父格网是唯一的，而其在指定层级的子格网是一个集合。故而，映射关系S_G中，格网编码 $Code$ 和层级 n_s为自变量，因变量 $Code_s$的编码形式与 $Code$ 保持一致，且$Code_S = \{Code_{s0}, Code_{s1}, \cdots, Code_{sm}\}$（$m = 4^{n_s - n} - 1$）。

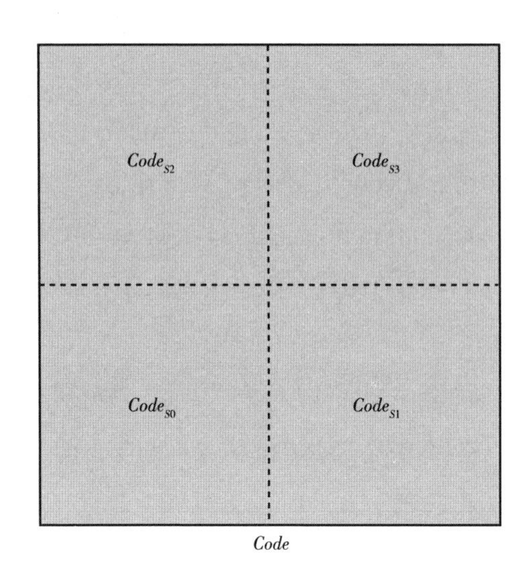

图 6-6 子格网计算的几何含义

“S_G” 的运算规则：

S_G（$b1Code$，n_S）＝ $\{i \ll (64-2\times n_S) \vee b1Code \mid 0\leqslant i<4^{n_s-n},\ i\in N\}$；

S_G（$b2Code$，n_S）＝ $[i \ll (32-n_S) \vee b2\ Code_B,\ j \ll (32-n_S) \vee b2\ Code_L]$ $(0\leqslant i.j<2^{n_s-n},\ i.j\in N)$。

例如，四进制一维编码 $q1Code$ = G0000131021，其二进制一维编码 $b1Code$ = $11101001001 \ll 44$，那么 $Code_S = S_G$（$b1Code$，11）＝ $\{i \ll 42 \vee 11101001001 \ll 44\}$ ＝ {1110100100100，1110100100101，1110100100110，1110100100111}（$0\leqslant i<4$）。$Code_S$ 的四进制一维编码分别为 G00001310210、G00001310211、G0000131022、G0000131023，满足与编码 $q1Code$ 的一致性。

（2）子格网判断运算：J_S（$CodeA$，$CodeB$）

“J_S” 定义：判断第 n_A 层级格网 $CellA$ 是否为第 n_B 层级格网 $CellB$ 子格网的二目运算。其中，格网编码 $CodeA$ 和 $CodeB$ 为自变量，且二者的先后顺序不可调换，运算结果取值 {0，1}。若 $CellA$ 是 $CellB$ 的子格网，则 J_S（$CodeA$，$CodeB$）＝1，否则，J_S（$CodeA$，$CodeB$）＝0。由于 S_G 是一对多的映射，若借助其判断 J_S，则需要进行集合运算，为减少运算次数，利用父格网判断运算J_F的思路，判断J_S的值。

"J_S"的运算规则：

J_S（$b1CodeA$，$b1CodeB$）$=\sim\sim[F_G(b1CodeA, n_B)\oplus b1CodeB]$；

J_F（$b2CodeA$，$b2CodeB$）$=\sim\sim J_1\wedge\sim\sim J_2$

其中，$J_1=b2CodeB\_B\oplus Code_F\_B$；

$J_2=b2CodeB\_L\oplus Code_F\_L$；

$F_G(b2CodeA, n_B)=(Code_F\_B, Code_F\_L)$，$n_A>n_B$。

J_S与J_F的运算规则相似，此外不再举例赘述。

2. 邻近关系计算

GeoSOT 剖分格网的三次扩展使编码具有整型优势，但也带来了剖分空间与地理空间的不一致，导致剖分空间的格网在地理空间中可能不存在实际地理含义，例如四进制一维编码 02，其对应的经纬度范围是 128°N～256°N，0°E～128°E，由于纬度范围大于 90°N，它是扩展而来的剖分空间，无法映射到一个真实的球面区域。如此，带来真实地理空间的格网编码不连续，使笛卡尔坐标系下的向量加、减运算不再适用，影响格网之间的邻近性判断、距离度量等。因此，本章定义一个算子J_E（$Code$）来检测输入的 GeoSOT 剖分编码是否具有地理含义，用来辅助邻近关系计算：若格网无地理含义，则J_E（$Code$）$=0$，否则，J_E（$Code$）$=1$。

（1）地理空间真实性判断：J_E（$Code$）

"J_E（$Code$）"定义：判断格网地理空间真实性的一目运算。格网编码 $Code$ 为自变量，运算结果取值$\{0, 1\}$。若格网无地理含义，则J_E（$Code$）$=1$，否则，J_E（$Code$）$=0$。

"J_E（$Code$）"的运算规则：

J_E（$Code$）$=\varepsilon_{B1}\vee\varepsilon_{L1}\vee\sim\varepsilon_{B2}\vee\sim\varepsilon_{L2}\vee\sim\varepsilon_{B3}\vee\sim\varepsilon_{L3}$

其中，$\varepsilon_{B1}=[(\partial C_1\gg 1)-(code\_B\gg 23)]\gg 8$；

$\varepsilon_{L1}=[\partial C_1-(code\_L\gg 23)]\gg 8$；

$\varepsilon_{B2}=code\_B\ll 9\gg 28\oplus\partial C_2$；

$\varepsilon_{L2}=code\_L\ll 9\gg 28\oplus\partial C_2$；

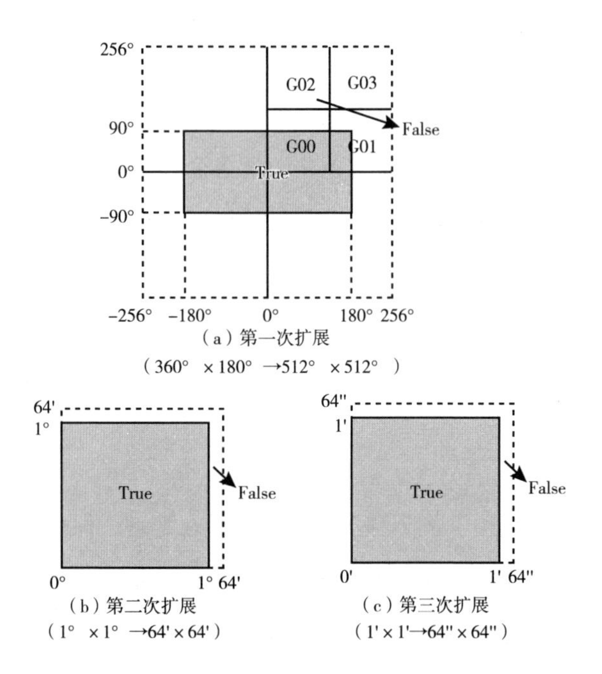

（a）第一次扩展
（360° ×180° →512° ×512° ）
（b）第二次扩展
（1° ×1° →64'×64'）
（c）第三次扩展
（1'×1'→64''×64''）

图 6-7 三次扩展带来格网地理真实性示意

$\varepsilon_{B3}=code\_\ B\ll15\gg28\oplus\partial C_2$；

$\varepsilon_{L3}=code\_\ L\ll15\gg28\oplus\partial C_2$；

二进制常量$\partial C_1=10110100$、$\partial C_2=1111$。

例如，四进制一维编码 $q1Code$ = G0000131021311030，其二进制二维编码 $b2Code$ =（$b2Code\_\ B$，$b2Code\_\ L$）=（$10010100010\ll16$，$111001111010\ll16$），那么，ε_{B1} =（1011010 - 1001）$\gg8=0$，ε_{L1} =（10110100 - 11100）$\gg8=0$，ε_{B2} = ~（$01000\oplus1111$）=0，ε_{L2} = ~（$1111\oplus1111$）=1。此时，无论ε_{B3}和ε_{L3}取值如何，$\varepsilon_{B1}\vee\varepsilon_{L1}\vee\varepsilon_{B2}\vee\varepsilon_{L2}\vee\varepsilon_{B3}\vee\varepsilon_{L3}=1$，即$J_E$（$Code$）=1，该格网并不存在于地理空间。

（2）位移运算：$Code_M=Move_G$（$Code$，V_M）

$Move_G$定义：设第 n 层级格网 $Cell$ 的编码为 $Code$ =（$b2Code\_\ B$，$b2Code\_\ L$），将 $Cell$ 沿着向量V_M =（ΔV_B，ΔV_L）（ΔV_B、ΔV_L分别为纬向、经向平移格网个数）平移至$Cell_M$［编码为$Code_M$ =（$b2Code'_B$，$b2Code'\_\ L$）］。

在剖分空间中，$Move_G$的运算规则：

$$Code_M = Move_G\ (Code,\ V_M) = Code + V_M$$
$$= [b2Code_B + \Delta V_B \ll (32-n),\ b2Code_L + \Delta V_L \ll (32-n)]。$$

一般情况下，真实地理空间的位移操作才具有实际意义。但是，由于GeoSOT剖分框架存在一些无真实地理含义的格网，要想获得真实地理空间的平移结果，需重新定义地理空间中的加法和减法运算，建立剖分空间与真实地理空间的映射关系。

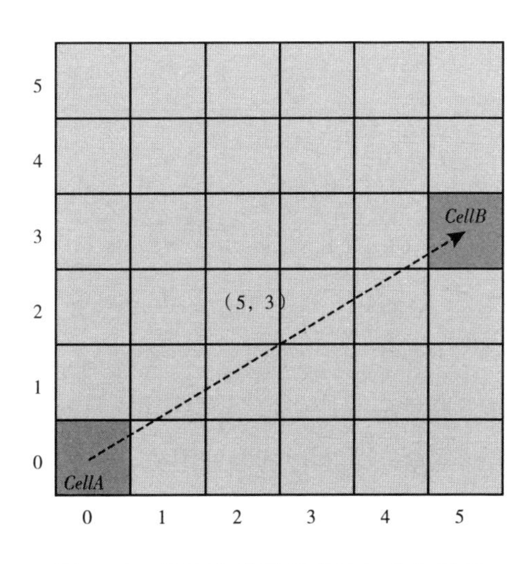

图6-8 格网位移计算的几何含义示意

“$+_G$”定义：在第n层级剖分空间中，$(0,\ 1_G)$和$(1_G,\ 0)$是该运算的两个因子，$1_G = 1 \ll (32-n)$，$Move_G$的运算转化为：

$$Move'_G\ (Code,\ V_M) = Code +_G V_M = (b2Code_B,\ b2Code_L)$$
$$+\Delta V_B \times (1_G,\ 0) + \Delta V_L \times (0,\ 1_G)。$$

在真实地理空间中，$Move_G$的运算步骤是一个递归过程：

Step1：令$i=0$；

Step2：计算编码$BCode = (b2Code_B \pm 1_G,\ b2Code_L)$，若$J_E\ (BCode) = 0$，则重复Step2；否则，$i++$，重复Step2，直到$i = |\Delta V_B|$，令$i=0$，转入Step3；

Step3：计算编码 $LCode = (b2Code_B, b2Code_L \pm 1_G)$，若 $J_E(LCode) = 0$，则重复 Step3；否则，$i++$，重复 Step3，直到 $i = |\Delta V_L|$，算法结束。

例如，第 13 层级格网 *Cell* 的经向二进制编码为 $1110 \ll 19$，剖分空间中右邻格网的经向二进制编码为 $1110 \ll 19 + 1 \ll 19 = 1111 \ll 19$，由于该格网无真实地理含义，应继续向右搜索，直至获得一个地理空间中真实存在的格网。

（3）格网距离量算：$(\Delta CL, \Delta CB)_n = Dis_G(CodeA, CodeB)$

"Dis_G"定义：设第 n 层级格网 *CellA* 和 *CellB* 的编码分别为 $CodeA = (codeA\_B, codeA\_L)$ 和 $CodeB = (codeB\_B, codeB\_L)$，*CellB* 相对的纬向、经向格网跨度为 ΔV_B 和 ΔV_L。

在剖分空间中，Dis_G 的运算规则：

$$
\begin{aligned}
(\Delta CL, \Delta CB)_n = Dis_G(CodeA, CodeB) &= Code + V_M \\
&= [(codeB\_B - codeA\_B) \gg (32-n), \\
&\quad (codeB\_L - codeA\_L) \gg (32-n)]
\end{aligned}
$$

一般情况下，真实地理空间的格网跨度计算才具有实际意义，但同样受无真实地理含义的格网影响。真实地理空间中 Dis_G 的运算规则需要借助 J_E 运算中的 ε_{B1}、ε_{L1}、ε_{B2}、ε_{L2}、ε_{B3}、ε_{L3} 算子，令 $\varepsilon_B(code\_B) = \varepsilon_{B1} \vee \sim\varepsilon_{B2} \vee \sim\varepsilon_{B3}$，$\varepsilon_L(code\_L) = \varepsilon_{L1} \vee \sim\varepsilon_{L2} \vee \sim\varepsilon_{L3}$，它们的取值均为 0 或 1，对剖分空间中的格网距离计算规则进行修正，得到真实空间中格网距离计算 Dis'_G 的运算规则：

$$
(\Delta CL', \Delta CB')_n = Dis'_G(CodeA, CodeB) = \left(\sum_{code\_B = min\_codeB}^{min\_codeB} \varepsilon_B(code\_B), \sum_{code\_L = min\_codeL}^{min\_codeL} \varepsilon_L(code\_L)\right)
$$

其中：

$min\_codeB = \min(codeA\_B, codeB\_B)$，$max\_codeB = \max(codeA\_B, codeB\_B)$，

$min\_codeL = \min(codeA\_L, codeB\_L)$，$max\_codeB = \max(codeA\_L, codeB\_L)$。

（4）邻接运算：$Code_A = Adj_G$（$Code$，T_A）

“Adj_G”定义：在第 n 级格网剖分空间中，计算格网 $Cell$ 邻接格网集合 $Code_A$ 的二元运算。前文指出，对于一个矩形格网，与之邻接的格网分为两种情况：边邻接和角邻接，故用 T_A 的取值变化作区分，$T_A = -1$、1、2 依次表示边邻接、角邻接和二者兼具。在映射关系 Adj_G 中，格网编码 $Code$ 和邻接类别 T_A 为自变量，因变量 $Code_A$ 的编码形式与 $Code$ 保持一致，且 $Code_A = \{Code_{A0}, Code_{A1}, \cdots, Code_{Am}\}$（$m = |T_A| \times 4 - 1$）。

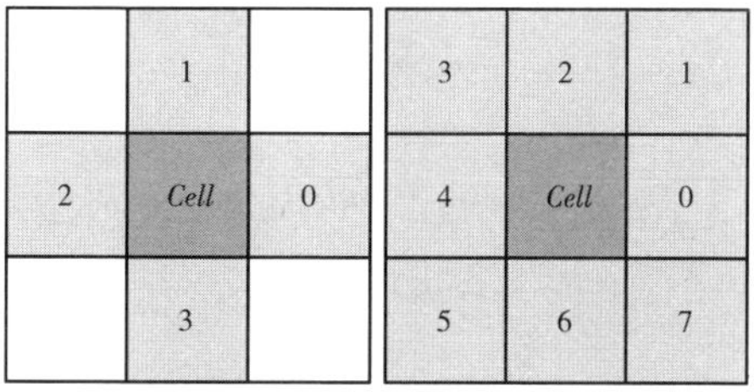

图 6－9　格网邻接计算的几何含义

“Adj_G”的运算规则：

$$Code_{Ai} = Adj_G(Code, T_A)$$

$$= \begin{cases} \{(code\_B, code\_L) \pm_G (0, 1_G), \\ (code\_B, code\_L) \pm_G (1_G, 0)\} & i = -1 \\ \{(code\_B, code\_L) \pm_G (1_G, 1_G), \\ (code\_B, code\_L) \pm_G (1_G, -1_G)\} & i = 1 \\ Code_{A(-1)} \cup Code_{A1} & i = 2 \end{cases}$$

其中，$1_G = 1 \ll (32 - n)$。

例如，四进制一维编码 $q1Code$ = G0000131021，其二进制二维编码 $b2Code = (b2Code_B, b2Code_L) = (111001 \ll 22, 10010 \ll 22)$，那么，其 8 邻接格网为：$Code_{A2} = Code_{A(-1)} \cup Code_{A1} = \{(111001 \ll 22, 10011 \ll 22), (111001 \ll 22, 10001 \ll 22), (111010 \ll 22, 10010 \ll 22), (111000 \ll 22, 10010 \ll 22)\} \cup \{(111010 \ll 22, 10011 \ll 22), (111000 \ll 22, 10001 \ll 22), (111010 \ll 22, 10001 \ll 22), (111000 \ll 22, 10011 \ll 22)\}$。

（二）基于格网编码的空间集合运算

对于第 n 层级的格网集合 $Cells = \{cell_i \mid 0 \leqslant i < num\}$，对应的格网编码集合为 $Codes = \{code_i \mid 0 \leqslant i < num\}$，其中，格网$cell_i \in Cells$ 的编码为$code_i$。

1. 集合面积量算

（1）格网集合面积计算：S_{Codes}

由于地球为椭球体，同一层级、不同纬向编码的格网面积之间存在差异，因此格网集合的面积是每个格网面积之和：

$$S_{Codes} = \sum_{i=0}^{num} \Delta S_{code_i \in Cells}$$

单个格网的面积$\Delta S_{code_i \in Cells}$与纬向编码$codeB_i$相关，对于纬向编码为$codeB_i$的格网，其面积是一个定值。故上式可简化为：

$$S_{Codes} = \sum_{B = CodeB_{min}}^{CodeB_{max}} (\Delta S_{CodeB = B} \times Count_{CodeB = B})$$

其中，$\Delta S_{CodeB = B}$表示纬向编码为 B 的格网面积，$Count_{CodeB = B}$表示纬向编码为 B 的格网个数，$CodeB_{min}$、$CodeB_{max}$分别表示格网集合中纬向编码的最小、最大值。

（2）矩形区域面积计算：$S_{Rec\_ Codes}$

对于由格网集合组成的球面矩形区域，为提高集合面积计算效率，可进一步简化S_{Codes}。

设矩形区域 $CellB \times CellL = [CellB_{min}, CellB_{max}] \times [CellL_{min}, CellL_{max}]$，相应的编码表达式为 $CodeB \times CodeL = [CodeB_{min}, CodeB_{max}] \times [CodeL_{min}, CodeL_{max}]$，$CodeB$、$CodeL$ 分别为编码 $Code$ 的纬向、经向编码，面积 S 的计算公式：

$$S = (CodeL_{max} -_G CodeL_{min} + 1) \sum_{B = CodeB_{min}}^{CodeB_{max}} \Delta S_{CodeL = CodeL_{min}, CodeB = B}$$

其中，$\Delta S = R^2 \times (\theta_2 - \theta_1) \times \int_{\varphi_1}^{\varphi_2} \cos\varphi d\varphi = R^2 (\theta_2 - \theta_1)(sin\ \varphi_2 - sin\ \varphi_1)$。

为化简上式，考虑用矩形区域的平均纬向编码值对应的格网面积来代替矩形内每个格网的面积，*Cell* 的面积比上半部分格网面积略小，但比下半部分格网面积略大，设矩形区域内格网层级为 n，格网的经向、纬向跨度均为 B_n，*Cell* 的纬向编码为 B，*CellA*、*CellB* 均与 *Cell* 在纬向距离 m 个格网，那么，比较 *CellA*、*CellB* 与 *Cell* 的面积：

$$\frac{S_{CellA}+S_{CellB}}{2S_{Cell}}=\frac{R^2 B_n[sin(B+mB_n+B_n)-sin(B+mB_n)]+R^2 B_n[sin(B-mB_n+B_n)-sin(B-mB_n)]}{2R^2 B_n[sin(B+B_n)-sinB]}=cos(mB_n)$$

当 $mB_n\to 0$，即 *CellA*、*CellB* 距离 *Cell* 非常近时，$cos(mB_n)=1$，$S_{CellA}+S_{CellB}=2S_{Cell}$，可近似用 S_{Cell} 来代替矩形内每个格网的面积。

2. 集合多尺度计算

计算格网集合 *Codes* 在第 n_a 层级的格网集合：*Agg*（*Codes*，n_a）

“*Agg*（*Codes*，n_a）”定义：计算第 n 级格网集合 *Codes* 在第 n_a 级覆盖的格网集合。当 $n_a>n$ 时，表示格网集合的细分运算；当 $n_a<n$ 时，表示格网集合的聚合运算。

“*Agg*（*Codes*，n_a）”的运算规则：

$$Codes_A=Agg(Codes,\ n_a)=\begin{cases}\bigcup\limits_{i=0}^{num-1} S_G(code_i,\ n_a),\ n_a>n\\ \bigcup\limits_{i=0}^{num-1} F_G(code_i,\ n_a),\ n_a<n\end{cases}$$

例如，*cell*1、*cell*2 和 *cell*3 三个第 10 层级格网构成一个集合，它们的四进制一维编码依次为 G0102120132、G0102120121 和 G0102120130。那么，该集合在第 11 层级的格网集合：S_G（G0102120132，11）∪S_G（G0102120121，11）∪S_G（G0102120130，11），共有 $4\times3=12$ 个格网；该集合在第 9 层级的格网集合：F_G（G0102120132，9）∪F_G（G0102120121，9）∪F_G（G0102120130，9）=｛G010212013，G010212012｝，共有 2 个格网。

3. 集合求交计算

格网集合求交计算：*ICodes* = $I_{N\cap N}$（*CodesA*，*CodesB*）

“$I_{N\cap N}$”定义：计算第 n_A 级格网集合 *CodesA* 与第 n_B 级格网集合的交集。考虑 n_A 与 n_B 之间的大小，$I_{N\cap N}$ 也是一个分段函数。

“$I_{N\cap N}$”的运算规则：

$$ICodes = I_{N\cap N}(CodesA, CodesB) = \begin{cases} Agg(CodesA, n_B) \cap CodesB, & n_A < n_B \\ CodesA \cap CodesB, & n_A = n_B \\ CodesA \cap Agg(CodesB, n_A), & n_A > n_B \end{cases}$$

（三）基于格网编码的典型空间分析

以空间叠加计算为例，按照对象在格网空间的映射关系，不同数据层的实体对象及其属性被记录于格元表中，在数据进入剖分空间时，各数据层属性分配已经完成，直接查询任一区域（格网/格网集合）的属性信息即可得到多个数据层的空间叠加结果。设研究区域所包含的格网数量为 $Codenum$，那么，多个数据层的叠加计算耗时是所有格网查询时间之和：

$$T = t \times Codenum$$

其中，t 表示每个格网属性判断的平均耗时。

通过上面的分析可知，剖分数据模型将部分空间计算与分析转化为格网属性的匹配、关联等查询操作，算法效率依赖查询区域的范围大小以及数据库查询效率，受实体几何复杂度影响不大。

三　海量数据多尺度展示的合理性

（一）多尺度格网天然的统计优势，能够更直观地反映空间大数据分布特征

由第一章的问题分析可知，在海量特征的大数据背景下，以对象为基本单位的数据表达方式无法直接反映数据分布特征，往往需要借助一定的统计或筛选工具。而本章设计的剖分数据模型以格网为数据组织单元，不仅粒度均匀、多尺度嵌套，还具有天然的统计优势，可为海量数据提供自然的地理分区功能，能够以格网内数据量作为该区域的一个属性，这个属性可直接反映数据的整体分布特征，便于进一步计算、对比数据的密度分布、时态变化等。

表 6－1 列出了每一层级 GeoSOT 剖分格网的总个数，如图 6－10 所示，随着层级的升高，格网个数大致呈 1∶4 的比例增长。

表 6-1 地理空间各层级真实格网数量统计

层级	格网数量	层级	格网数量	层级	格网数量	层级	格网数量
G	1	8	15840	16	912384000	24	5255331840 万
1	4	9	63360	17	3649536000	25	21021327360 万
2	8	10	253440	18	14598144000	26	84085309440 万
3	24	11	1013760	19	5132160 万	27	336341237760 万
4	72	12	4055040	20	20528640 万	28	1345364951040 万
5	288	13	14256000	21	82114560 万	29	5381459804160 万
6	1012	14	57024000	22	328458240 万	30	21525839216640 万
7	3960	15	228096000	23	1313832960 万	31	86103356866560 万

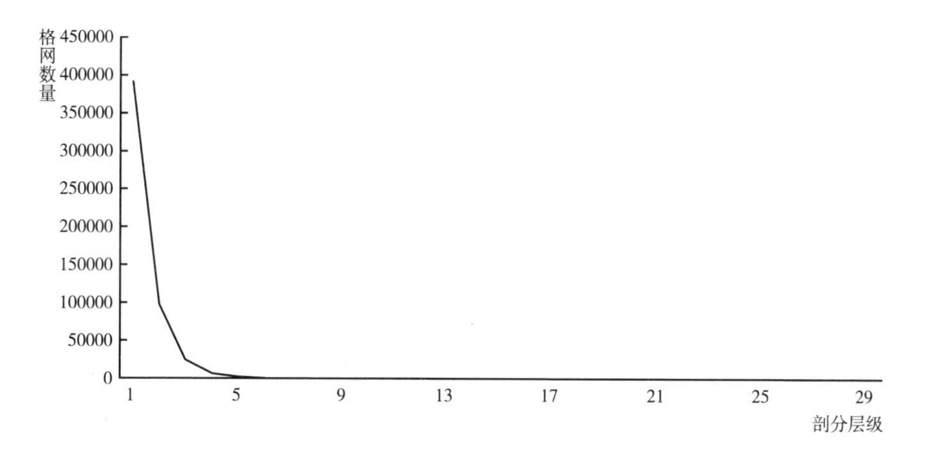

图 6-10 剖分空间各层级格网数量变化趋势

从理论层面，进一步定量地分析格网的层级对数据统计量的影响程度。假设区域 R 恰覆盖第 n 层级的一个格网，该区域内分布着Num_n个数据，该区域可采用第 i（$n \leqslant i < 32$）层级的格网，通过查找子格网进行区域的细分，对以上数据进行统计，且父格网内关联数据量等于其各个子格网内关联数据量之和。若这些数据在空间中是均匀分布的，层级的细分次数 $\Delta n = i - n$，那么，平均第 i 层级的每个格网内数据量：

$$\overline{Count_i} = \frac{Num_n}{4^{\Delta n}} = \frac{1}{k}。$$

由上式可知，随着剖分层级的增长，每个格网内的数据量平均以 4 倍的速度下降。令

$$k = 4^{\Delta n} = 10^{kc}$$

其中 $kc = \Delta n \times lg4 \approx 0.6 \times \Delta n$。当 $\Delta n = 5$，即采用第 $n+5$ 层级格网来展示均匀分布的Num_n个数据时，有 kc≈3，$k \approx 1000$；当 $\Delta n = 7$，即采用第 $n+7$ 层级格网来展示均匀分布的Num_n个数据时，有 kc≈4，$k \approx 10000$，因此，若数据总量Num_n数以亿计，采用第 $n+7$ 层级格网来展示其统计结果时，此时每个格网内的平均数据量可降至万级，以格网为单位进行并行计算将大大提升数据处理效率。

剖分数据模型利用格网的不断细分，化整为零地解决了数据总量庞大的问题，通过格网颜色的深浅反映与之关联数据量的统计分布特征，其多尺度剖分表达效果如图 6-11 所示。在具有海量特征的空间大数据背景下，将有效解决大数据在传统空间数据模型中可视化效果差的问题。

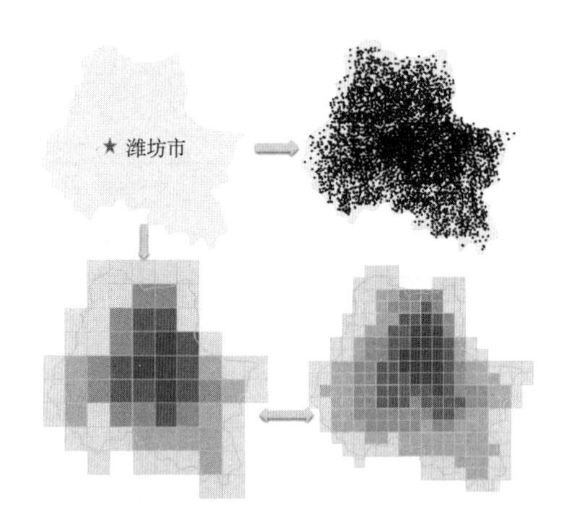

图 6-11　空间数据的剖分表达效果

（二）多尺度格网与屏幕像素一一对应，剖分数据的绘制简单高效

剖分数据的显示以格网为基本单元，一个像素对应于一个格网，那么，格网与屏幕像素的步长相等。

$$screeX = CodeL\text{-}minCodeL$$
$$screeY = maxCodeB\text{-}CodeB$$

如图6-12所示，当显示区域对应的格网范围为 $[minCodeL, maxCodeL] \times [minCodeB, maxCodeB]$ 时，以 $(minCodeL, maxCodeB)$ 格网作为显示原点（0，0），按照上式来建立格网与屏幕像素点之间的一一对应关系，将格网属性作为像素点的属性，从而得到数据的映射结果和最终显示效果。这种方式中，实体在屏幕上的显示以格网为单位，屏幕的移动以像素为单位，也就是以格网为单位，省去了传统方式的偏移计算，简单的加减运算将大大提升运算效能。

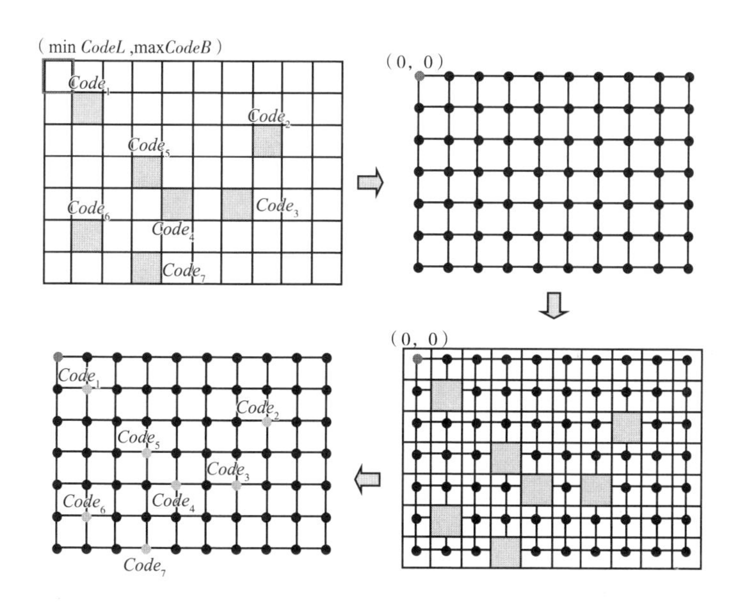

图6-12　剖分数据的绘制过程示意

控制屏幕的分辨率与各层级格网尺度对应，使屏幕分辨率保持约1:4的缩放比例。如图6-13所示，当前屏幕以每个2×2格网作为一个像素显示，若对该区域缩小，可对格网聚合，以更低层级4×4格网作为一个像素显示；若对该区域放大，可对格网细分，以更高层级的1×1格网作为一个像素显示。

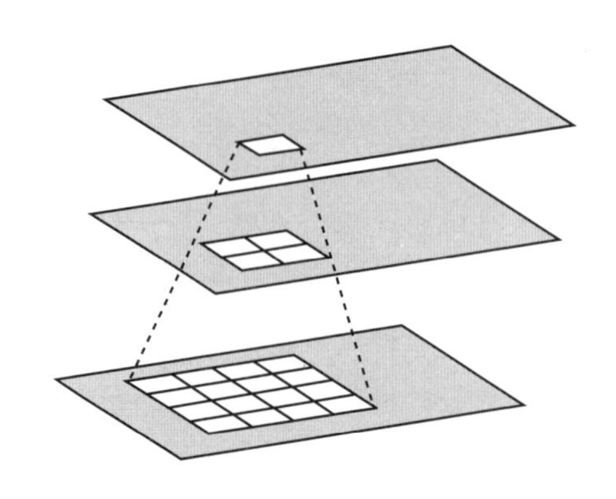

图 6－13　剖分数据绘制的屏幕分辨率转换示意

第二节　剖分数据模型的完备性分析

本章对模型的完备性研究从两个方面进行分析，分别是能否支持不同形态实体的剖分表达、能否支持不同精度实体的剖分建模。

一　能否支持不同形态实体的剖分表达

在剖分数据模型中，实体的空间信息由其覆盖的一组多尺度剖分格网集合来描述，要想确定该种描述方式能否表达各种形态的实体，可以采用反证法。

假设存在一个实体 A，它无法描述为实体剖分表达方式：

$$O(Level) = (\partial O, O^{\circ}) = (\bigcup_{i=1}^{n1} Code_i, \bigcup_{j=1}^{n2} Code_j)$$

那么，至少存在一个球面区域 $R \subset A$，但 R 不属于任何一个球面剖分格网。显然，该结论与 GeoSOT 剖分格网的全球、无缝无叠特性矛盾。

因此，剖分数据模型能够剖分化地表达不同形态的球面实体。

二　能否支持不同精度的实体剖分建模

研究空间数据剖分建模的合理性，将传统实体在全球离散格网中表达，除了需要将大量的平面数据转换到球面格网上之外，还有一个重要的问题就是如何明确数据所对应的格网层次。

数据精度信息存在于任何空间数据之中，指对现象描述的详细程度。规范生产的空间数据必然存在精度的评定与说明，对于其他一些确实没有明确精度信息的数据，也可以从坐标有效数字的位数，估计其数据精度（吴宾，2014）。在经纬度体系下，数据精度体现在坐标点的量测精度，点的精度范围是以该点为圆心、以精度值为直径的圆。

根据数据的精度信息可以较方便地寻找相应尺度的格网：设第 i（$0 \leqslant i \leqslant 32$）层级格网的平面平均间隔 Δ_i，数据精度为 ρ，若存在 n（$1 \leqslant n \leqslant 32$），使 $\rho \geq \Delta_n$ 且 $\rho < \Delta L_{n-1}$，则精度为 ρ 的数据在剖分空间的精度层级为 n。

如图 6-14（a）所示，最理想的情况是，某一层级的格网尺度与精度相等，且点 P 的误差圆内切于格网，P 恰好位于格网中心，该格网层级与数据精度一致。但一般情况下并非如此：由于格网尺度固定，数据精度的取值相对随机，二者并非一一对应。为了减少数据精度的损失，可选择尺度接近且小于精度值的层级，作为其在剖分空间的精度层级，如图 6-14（b）所示；由于格网位置固定，P 可能位于格网 *Cell* 内的任意位置，那么误差圆与四个格网相交，但无论如何变化，*Cell* 与误差圆一定相交，其余三个格网与 *Cell* 邻接。选择格网 *Cell* 描述 P，如图 6-14（c）所示，其精度为一个格网尺度。

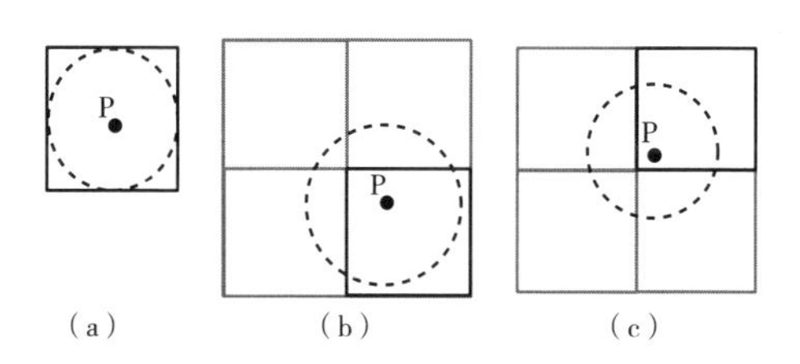

图 6-14　格网与精度圆的关系示意

以矢量地形图为例，世界各国采用的基本比例尺系统不尽相同，目前中国采用的基本比例尺系统为 1∶500、1∶1000、1∶2000、1∶5000、1∶10000、1∶25000、1∶50000、1∶100000、1∶250000、1∶500000、1∶1000000 等 11

种。这些按照比例尺规范存在的矢量地形图数据，一般情况下都存在特定的数据精度：比例尺为1∶W 的地形图，其数据量测精度 $\rho=0.1W$（mm）。例如，对于1∶500 比例尺的地形图，其几何平面精度 $\rho_{500}=0.1\times500(mm)=5(cm)$；对于1∶1000000 比例尺的地形图，其几何平面精度 $\rho_{1000000}=0.1\times1000000$（$mm$）$=100$（$m$）。

针对 GeoSOT 剖分格网，采用 CGCS2000 大地坐标系作为参考椭球基准，分析各层级格网的大小情况。表 6－2 统计了各层级格网的经纬度跨度，以及赤道附近剖分层次为 n 的格网平均间隔。此外，当测区范围比较小（20km）时，球面可视为平面。

表 6－2 列出的各层级格网尺度是格网定位角点位于赤道时的格网大小，在一定的剖分层级下，当格网定位角点由赤道趋于两极时，受纬度变化的影响，等经度差的格网尺度也急剧下降。图 6－15 给出了在一个层级下定位角点位于不同纬度的格网尺度，图 6－16 则给出了不同层级（9～15 层级）下定位角点位于不同纬度的格网尺度，可以作为实体表达精度选择的依据。

表 6－2　各层级格网的经纬度跨度及赤道附近剖分层次为 *n* 的格网平均间隔

层级	经纬跨度	赤道附近格网尺度	层级	经纬跨度	赤道附近格网尺度
G	512°	全球			
1	256°		17	16″	512 米
2	128°		18	8″	256 米
3	64°		19	4″	128 米
4	32°		20	2″	64 米
5	16°		21	1″	32 米
6	8°	1024 公里	22	1/2″	16 米
7	4°	512 公里	23	1/4″	8 米
8	2°	256 公里	24	1/8″	4 米
9	1°	128 公里	25	1/16″	2 米
10	32′	64 公里	26	1/32″	1 米
11	16′	32 公里	27	1/64″	0.5 米
12	8′	16 公里	28	1/128″	25 厘米
13	4′	8 公里	29	1/256″	12.5 厘米
14	2′	4 公里	30	1/512″	6.2 厘米
15	1′	2 公里	31	1/1024″	3.1 厘米
16	32″	1 公里	32	1/2048″	1.5 厘米

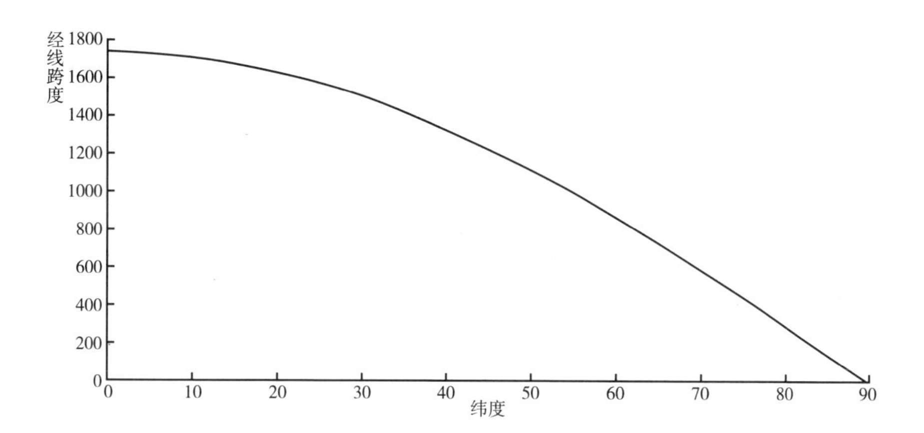

图 6-15 第 15 层级格网在不同纬度带上的精度变化情况

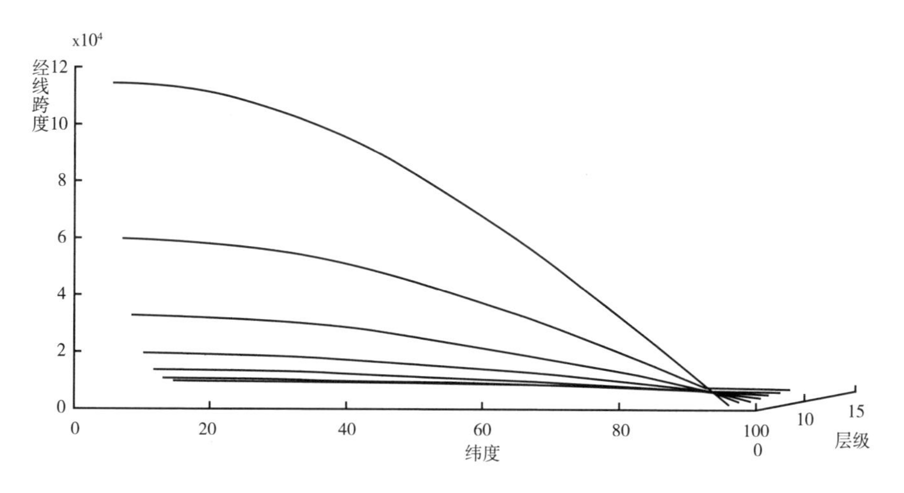

图 6-16 不同层级不同纬度带上的精度范围

第三节 剖分数据模型的一致性论证

模型的一致性主要体现为实体及其内部表达的一致性。

在剖分数据模型中，区域均以格网集合的形式来描述。设某小区用第n_1层级的格网集合来描述，小区内的灰色建筑物则可用第n_2层级的格网集合来描述：

$$A(n_1) = \bigcup_{i=1}^{m_1} Code_{n_1,i}$$
$$B(n_2) = \bigcup_{j=1}^{m_2} Code_{n_2,j}$$

在格元表中，以多尺度的格网编码作为主键，记录了每个格网内的属性信息，即编码$Code_{n_1,i} \in A(n_1)$对应的格网具有小区A的属性，当增加一个内部实体——建筑物B时，只需修改格元表，为编码$Code_{n_2,j} \in B(n_2)$对应的格网赋予B的属性。一般情况下，由于B在A的内部，故有$B(n_2) \subseteq A(n_1)$，$n_1 \leqslant n_2$。而且，对于任意一个$Code_{n_2,j} \in B(n_2)$，存在$Code_{n_1,i} \in A(n_1)$，使$Code_{n_2,j} \subseteq Code_{n_1,i}$，即具有B属性的格元包含于具有A属性的格元，如图6-17所示。

因此，剖分空间中，实体内部与实体之间可通过格网固有的空间嵌套关系建立二者之间的包含关系，不再是相互独立的两个实体，即以统一的表达形式实现实体及其内部的统一表达。

格元表

Code ID	Att	…
Code A0	a	…
Code A1	a	…
Code A2	a	…
Code A3	a	…
Code B0	b	…
Code B1	b	…
Code B2	b	…
Code B3	b	…
Code B4	b	…
Code B5	b	…
Code B6	b	…

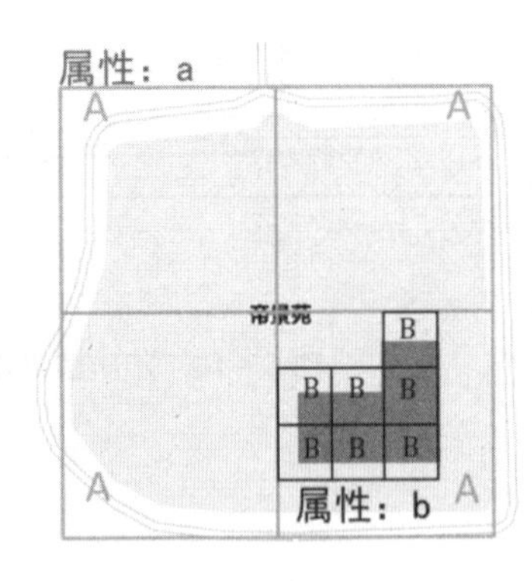

图6-17 实体及其内部表达的一致性示意

第七章 剖分型 GIS 试验平台

上一章从理论层面分析并论证了剖分数据模型的科学性，本章基于自行设计并开发的剖分型 GIS 试验平台，研究模型的具体实现方法与流程，从空间数据剖分建模、剖分数据格网化查询、剖分数据编码化计算和空间大数据多尺度展示等方面开展典型试验，验证模型应用于空间数据，特别是大数据的组织、表达、计算与查询等的可行性与有效性，并探寻该模型的适用环境。

第一节 剖分型 GIS 试验平台设计

一 试验环境

剖分型 GIS 试验平台是为验证剖分数据模型理论而搭建的试验系统，其开发环境分为硬件环境和软件环境，详细情况见表 7－1 和表 7－2。

表 7－1 硬件环境说明

类别	环 境
处理器	Intell Corel i5－2520M CPU(双核 2.50GHz)
内存	4GB
硬盘	300G、7200rpm

表 7-2 软件环境说明

类别	环境
操作系统	Windows7
开发工具	Visual Studio2010
开发语言	C#
数据库	MongoDB 3. 2. 0、Oracle 11g

二 系统组成

根据试验需求，剖分型 GIS 试验平台可划分为剖分预处理模块、剖分组织管理模块、剖分查询与分析模块，以及剖分可视化模块四个功能模块，如图 7-1 所示。

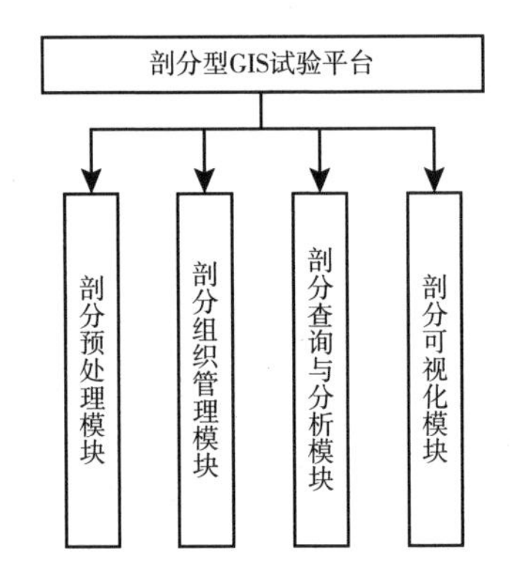

图 7-1 剖分型 GIS 试验平台的功能组成

剖分预处理模块：提供现有空间数据的剖分映射功能，将传统的空间数据组织结构转换为剖分数据结构，包括精度层级的确定、投影变换、数据重采样、实体剖分编码等。

剖分组织管理模块：提供剖分数据存储、剖分索引表构建和剖分数据更新功能，将各种数据剖分化入库，并为其构建基于格网编码的索引，实现空间数据的统一存储、管理。

剖分查询与分析模块：提供剖分数据查询、剖分编码代数计算功能，不仅支持传统的实体对象及其属性的查询方式，还能够支持格网化对象的局部信息查询；此外，更多的空间分析依赖于编码化计算与格网化查询的协同配合，支持各种类型的空间查询与分析操作。

剖分可视化模块：提供剖分数据的格网化展示、剖分数据多尺度统计展示功能，通过变换格网显示层级，支持海量异构空间数据的多尺度显示，直观地反映数据的空间分布特征。

为支持以上四个功能模块，剖分型 GIS 试验平台设计为三层架构——数据层、管理层、服务层。在数据层，平台支持传统 GIS 数据、非结构化数据等多种类型数据的接入；在管理层，平台支持传统数据库的剖分接入与管理模式，并提供新型的剖分搜索模式；在服务层，平台提供数据访问、数据分析、数据可视化等多种服务接口及组件，支持与现有业务系统的接入与应用。各层之间的关系如图 7－2 所示。图 7－3 是剖分型 GIS 试验平台的界面。

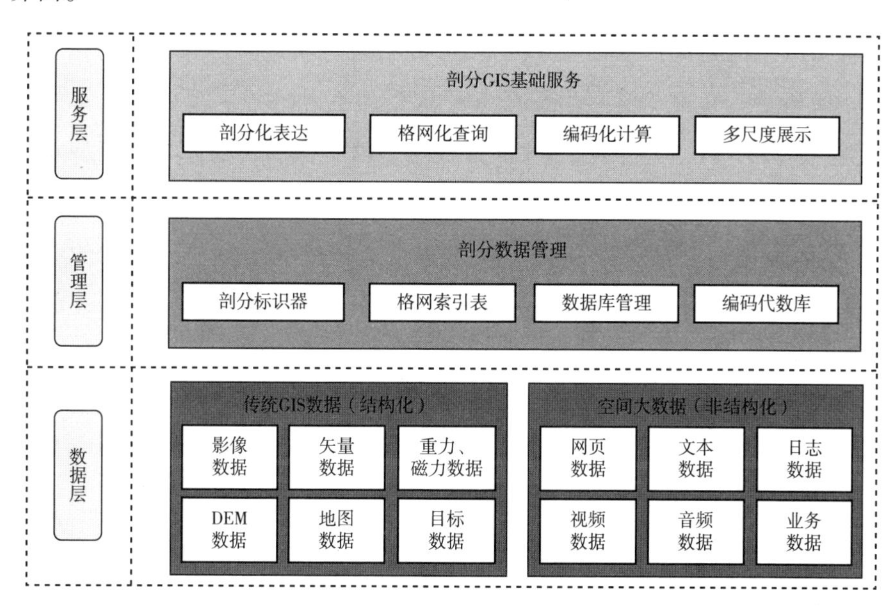

图 7－2　剖分型 GIS 的总体架构

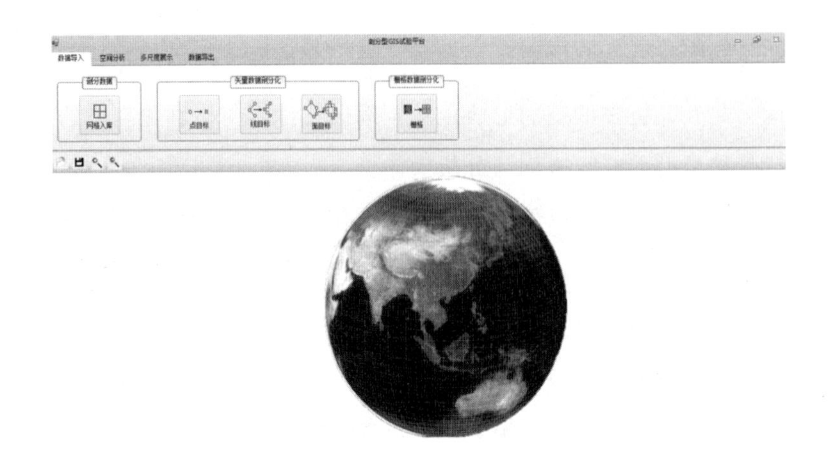

图 7－3　剖分型 GIS 试验平台的系统界面

三　试验方案设计

剖分型 GIS 在业务系统中的应用流程为：空间数据剖分预处理，剖分数据的存储管理，剖分数据调度、处理与应用，以及剖分数据可视化，如图 7－4 所示。其中，前两步是对各种数据的剖分建模。结合第一章中提出的问题，本章针对各流程开展部分试验，以验证分析剖分数据模型在行业大数据应用中的可行性与优势。

空间数据剖分预处理和剖分数据的存储管理两个环节，是将传统业务系统中的空间数据转化为剖分数据的两个关键步骤。本章将其合并为空间数据的剖分建模试验，验证结构化与非结构化数据统一剖分建模的可行性。

剖分数据调度、处理与应用环节，是体现剖分数据模型应用特点的重要步骤。本章结合前文中的问题，开展剖分数据的格网化查询和编码化计算两个试验，对比分析剖分模型方法与传统方法的适用条件。

针对剖分数据可视化环节，本章开展海量数据的多尺度展示试验，意在验证剖分数据模型在空间大数据展示中的天然优势。

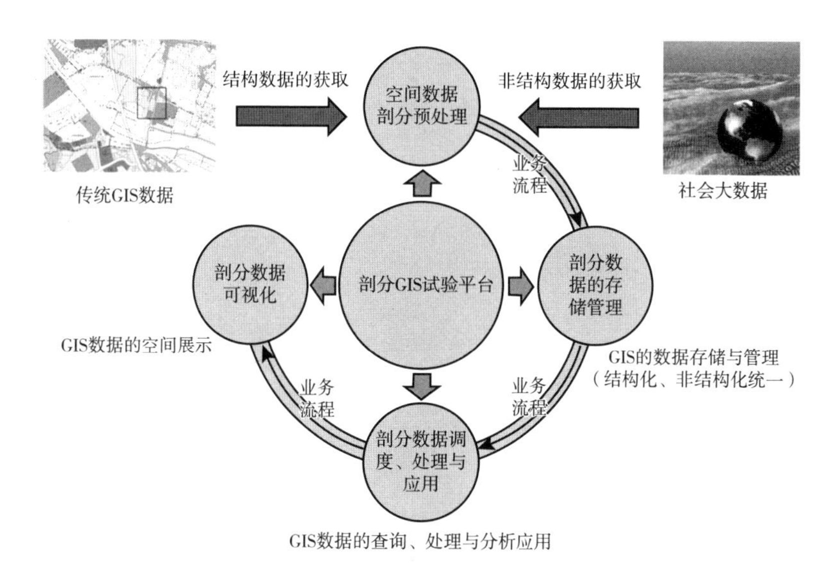

图 7-4 剖分型 GIS 的应用流程

第二节 空间数据的剖分建模试验

本试验基于剖分型 GIS 试验平台的空间数据预处理模块和剖分组织管理模块，验证传统空间数据剖分建模及剖分数据接入传统 GIS 的可行性。

一 试验数据与方法

（一）试验数据

试验区域为北京市，采用的试验数据包括矢量数据（Shp 格式）和栅格数据（Tiff 格式），其中，矢量数据为北京市县级行政区划、北京市一级路网、北京市 POI 点，代表矢量数据结构表达的点、线、面实体，栅格数据为北京大学局部地图，代表栅格数据结构表达的空间实体。表 7-3 列出了各个数据的名称、格式、比例尺（精度）以及 ArcGIS 中的可视化效果。

表 7－3　试验数据说明

名称	格式	比例尺(精度)	可视化效果	备注
县级行政区划图	Shp	1∶2500000		面图层 18 个面
一级路网图	Shp	1∶2500000		线图层 201 条线
POI 点分布图	Shp	1∶2500000	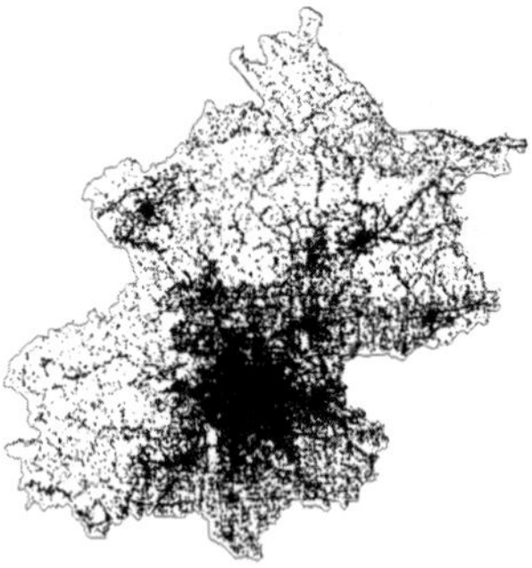	点图层 65306200 个点
北京大学局部地图	Tiff	5m	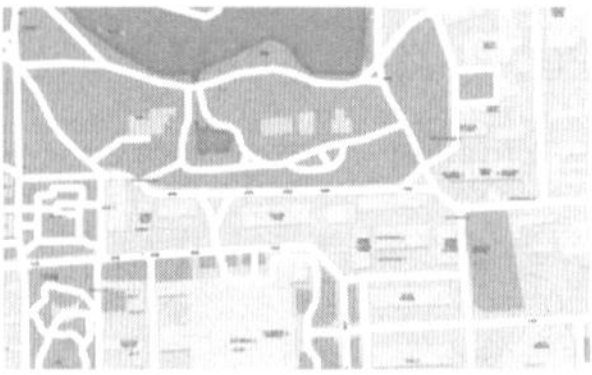	栅格电子地图

（二）试验方法与流程

本试验分为两个阶段：传统空间数据的剖分建模、剖分数据的传统结构表达。其中，传统空间数据的剖分建模是将点、线、面实体的矢量、栅格结构转换为剖分结构，用于验证空间数据剖分建模的可行性；剖分数据的传统结构表达是将剖分结构还原至原来的传统数据结构，验证剖分数据接入传统GIS 平台的可行性。通过记录数据转换前、后的存储量以及精度的变化，进一步分析空间数据剖分建模的特点。

空间数据的剖分建模流程：首先，根据数据精度确定实体表达层级；其次，根据实体的类别（点、线、面）计算其在剖分空间的逻辑映射格网，将数据传统表达方式转换为剖分表达方式，并将其插入对象表；最后，按照实体关联格网映射算法，计算与之关联的格网集合，将该实体对象 ID 与相关属性记录于每一个关联格网内。

剖分数据的传统结构表达则是以剖分数据作输入，将实体剖分表达的每一个格网转换为经纬度点的过程。但是，由于格网代表一定的区域范围，选择格网中哪一个点作为转换结果将直接影响数据精度。因此，本试验分别选取格网的中心点和四个角点，统计各个转换策略对数据带来的平均偏差，偏差越小，则与原始数据的拟合程度越小，对数据精度的影响越小。

二　试验结果与分析

（一）矢量数据与剖分数据转换的试验结果

根据试验数据的比例尺信息，参考表 6－2 中的分析，矢量数据的精度层级为 18 层（$8'' \approx 2.222 \times 10^{-3\circ}$）。

1. 矢量点数据的剖分建模

图 7－5（a）是将北京市内 POI 点的原始矢量图剖分化得到的点数据剖分表达结果，图 7－5（b）是将剖分数据矢量化得到的剖分数据矢量化表达结果，图 7－5（c）是原始矢量图与剖分矢量图之间的叠加效果图，浅灰色为原始矢量地图中的点对象，而黑色为剖分矢量化产生的点对象。表 7－4 和表 7－5 分别列出了点数据在转换过程中存储量变化情况和转换前后的数据偏差。

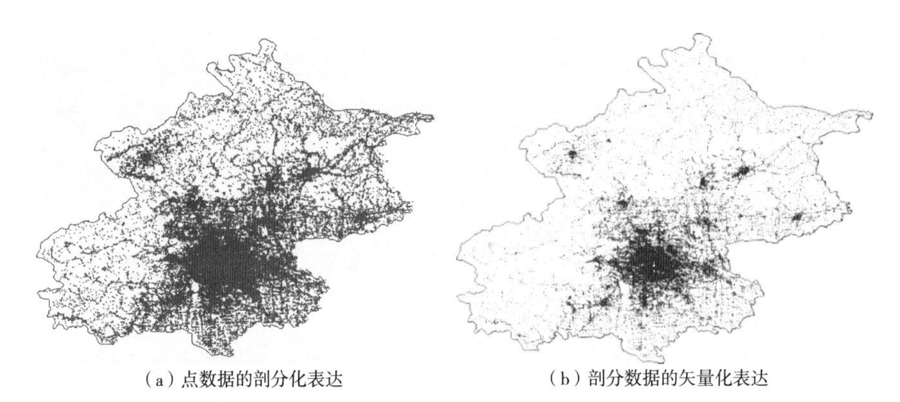

（a）点数据的剖分化表达　　（b）剖分数据的矢量化表达

（c）剖分建模前、后的点数据叠加

图 7－5　矢量点数据的剖分建模示意

表 7－4　点数据存储量变化情况统计

项目	像素个数	原始数据存储量 ST1	剖分数据		剖分—矢量点数据	
			存储量 ST2	ST2/ST1	存储量 ST3	ST3/ST1
点数据	65306200	1821MB	1173MB	0.6429	1930MB	1.0593

表 7－5　点数据转换前后数据偏差统计

项目	格网中心点	格网顶点			
		左上顶点	右上顶点	左下顶点	右下顶点
方差（10^{-10}）	0.7890	3.1241	3.1405	3.1473	3.1309
标准差（10^{-5}）	0.8883	1.7675	1.77215	1.7741	1.7694

2. 矢量线数据的剖分建模

图 7 -6（a）是将北京市一级路网的原始矢量图剖分化得到的线数据剖分表达结果，图 7 -6（b）是将剖分数据矢量化得到的剖分数据矢量化表达结果，图 7 -6（c）是原始矢量图与剖分矢量图之间的叠加效果。表 7 -6 和表 7 -7 分别列出了线数据在转换过程中存储量变化情况，以及转换前后的数据偏差。

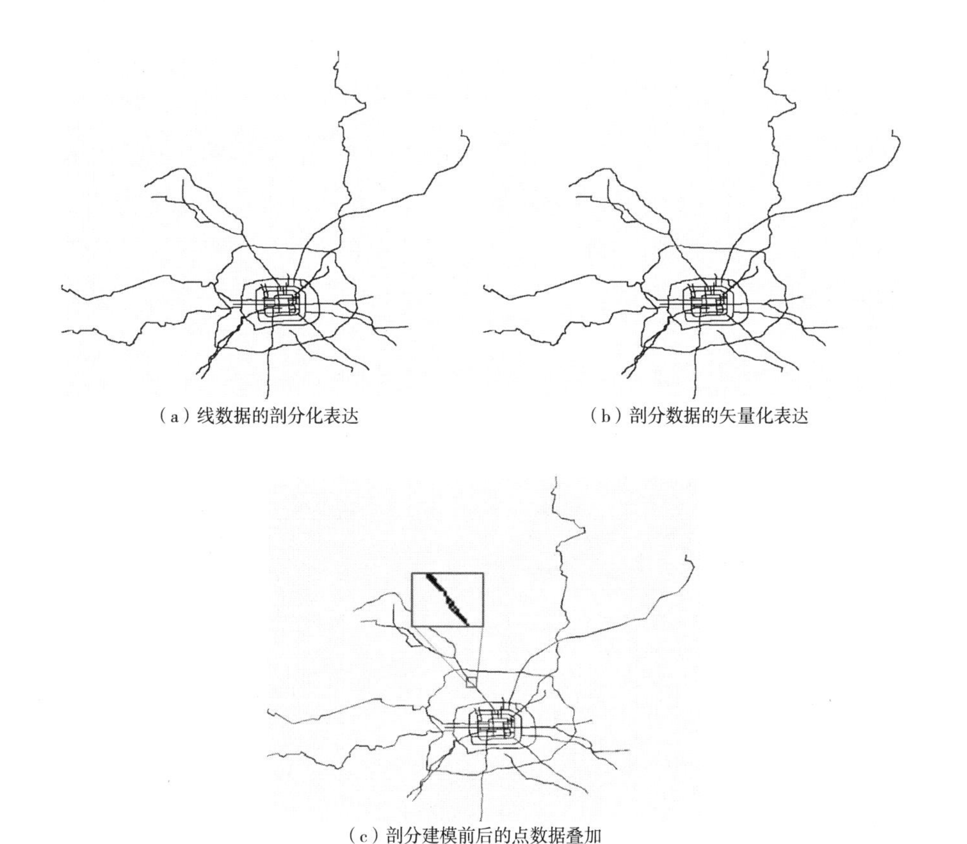

（a）线数据的剖分化表达　（b）剖分数据的矢量化表达

（c）剖分建模前后的点数据叠加

图 7 -6　矢量线数据的剖分建模示意

表 7 -6　线数据存储量变化情况统计

项目	像素个数	原始数据存储量 ST1	剖分数据		剖分—矢量线数据	
			存储量 ST2	ST2/ST1	存储量 ST3	ST3/ST1
线数据	201	178KB	58.6KB	0.3292	171KB	0.9607

表 7-7 线数据转换前后数据偏差统计

项目	格网中心点	格网顶点			
		左上顶点	右上顶点	左下顶点	右下顶点
方差(10^{-10})	0.7732	3.1477	3.0724	3.0845	3.1598
标准差(10^{-5})	0.8793	1.7742	1.7528	1.7563	1.7776

3. 矢量面数据的剖分建模

图 7-7(a)是将北京市县级行政区划的原始矢量图剖分化得到的面数据剖分表达结果，图 7-7(b)是将剖分数据矢量化得到的剖分数据矢量化表达结果，图 7-7(c)是原始矢量图与剖分矢量图之间的叠加效果。表 7-8 和表 7-9 分别列出了面数据在转换过程中存储量变化情况，以及转换前后的数据偏差。

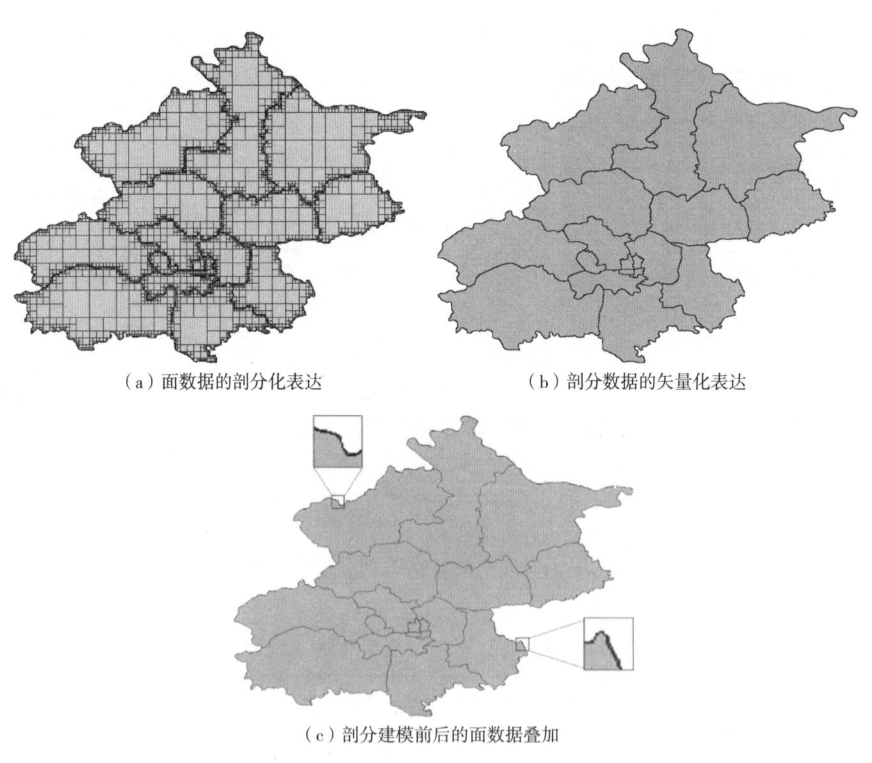

(a)面数据的剖分化表达

(b)剖分数据的矢量化表达

(c)剖分建模前后的面数据叠加

图 7-7 矢量面数据的剖分建模示意

表 7-8 面数据存储量变化情况统计

项目	像素个数	原始数据存储量 ST1	剖分数据		剖分—矢量面数据	
			存储量 ST2	ST2/ST1	存储量 ST3	ST3/ST1
面数据	18	142KB	18.1KB	0.1275	137KB	0.9648

表 7-9 面数据转换前后数据偏差统计

项目	格网中心点	格网顶点			
		左上顶点	右上顶点	左下顶点	右下顶点
方差(10^{-10})	0.7788	3.9857	3.1116	3.1206	3.1076
标准差(10^{-5})	0.8825	1.9964	1.7640	1.7665	1.7628

（二）栅格数据与剖分数据转换的试验结果

根据试验数据的精度信息，参考表 6-2 中的分析，栅格数据的精度层级为 24 层（$1/8'' \approx 3.472 \times 10^{-5}$°）。

栅格数据的剖分建模：图 7-8（a）是将北京大学局部地图的原始栅格图剖分化得到的剖分表达结果，图 7-8（b）是将剖分数据栅格化得到的数据栅格化表达结果；表 7-10 和表 7-11 分别列出了栅格数据在转换过程中存储量变化情况，以及转换前后的数据偏差。

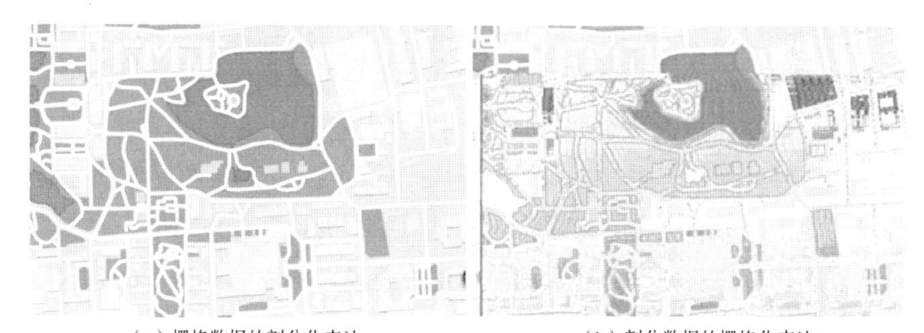

（a）栅格数据的剖分化表达　　（b）剖分数据的栅格化表达

图 7-8 栅格数据的剖分建模示意

表 7-10 栅格数据存储量变化情况统计

项目	像素个数	原始数据存储量 ST1	剖分数据		剖分—栅格数据	
			存储量 ST2	ST2/ST1	存储量 ST3	ST3/ST1
栅数据	1281555	3.57MB	31.01MB	8.686	3.49KB	0.9776

表 7-11 栅格数据转换前后数据偏差统计

项目	格网中心点	格网顶点			
		左上顶点	右上顶点	左下顶点	右下顶点
方差(10^{-10})	1.8228	7.8076	7.7312	7.8350	7.6386
标准差(10^{-5})	1.3501	2.7942	2.7805	2.7991	2.7638

（三）试验结果分析

综合以上试验结果，可以得出以下三点。

首先，当矢量数据转换为剖分数据时，相对于原始数据，剖分数据的内存占用量有所降低，且线、面对象的降低幅度高于点对象。这是因为点、线、面的剖分化实质上是将二维浮点数组（经度、纬度）转换为一个整数编码，格网个数与点对象的个数相等，内存占用量的下降来自编码维度的降低。而当栅格数据转换为剖分数据时，相对于原始数据，剖分数据的内存占用量大幅提升。这是因为栅格数据记录了影像的一个定位点坐标及各个像素的相对位置，而剖分结构记录了每个关联格网的全球位置编码，虽然记录个数相等，但每个位置的记录长度更长。

其次，当剖分数据转换为传统数据表达结构时，除栅格表达结构之外，相对于剖分数据，其传统数据表达的内存占用量大幅提升；相对于原始数据，无论是矢量还是栅格表达结构，内存占用量基本持平。这是因为剖分数据的传统结构表达是用格网的定位角点（或中心点）所在的经纬度坐标来代替格网编码，恢复二维浮点数组的描述方式。

最后，在剖分数据的传统结构表达过程中，无论选取格网的中心点还是四个角点来代替该格网，传统数据经过剖分建模后生成的传统数据表达结果与原始数据的平均偏差均小于数据精度，且格网中心点的表达精度最高，均低于数据精度（精度层级格网尺度）的一半，更适用于在剖分数据传统结构表达中保留数据精度。

以上试验结果与分析，从空间信息剖分表达效果、物理内存占用量、精度损失三个方面，验证了各种空间数据剖分表达的可行性，为剖分型 GIS 接入现有 GIS 平台提供了参考和依据。

第三节　剖分数据的格网化查询试验

本试验基于剖分型 GIS 试验平台的剖分数据查询模块，验证实体对象查询、格网化对象局部信息查询的可行性与高效性。

一　试验数据与方法

（一）试验数据

本试验在空间数据剖分建模试验结果的基础上，新增 1000 万条模拟 POI 数据并对其剖分建模入库。由以上数据构建格网索引表如图 7－9 所示，图 7－10 是空间查询的三个规则区域（矩形）与三个不规则区域（多边形），它们的详细空间信息如表 7－12 所示。

_id	pointid	pol_id	line_id
1961554404	Array[13]	Array[1]	
1961554244	Array[13]	Array[1]	Array[1]
1961546694	Array[3]	Array[1]	
1961546564	Array[11]	Array[1]	
1983926734	Array[1]	Array[1]	
1961554892	Array[4]	Array[1]	
1983927116	Array[10]	Array[1]	
1961554886	Array[2]	Array[1]	
1983926604	Array[2]	Array[1]	
1961548132	Array[15]	Array[1]	Array[1]
1961554796	Array[13]	Array[1]	
1961548654	Array[15]	Array[1]	Array[1]
1961546572	Array[12]	Array[1]	
1961546222	Array[10]	Array[1]	
1961554286	Array[1]	Array[1]	Array[1]
1961548134	Array[10]	Array[1]	Array[1]
1961548142	Array[10]	Array[1]	Array[2]
1983927109	Array[1]	Array[1]	
1983926759	Array[4]	Array[1]	
1961546565	Array[3]	Array[1]	

图 7－9　空间大数据入库情况示意

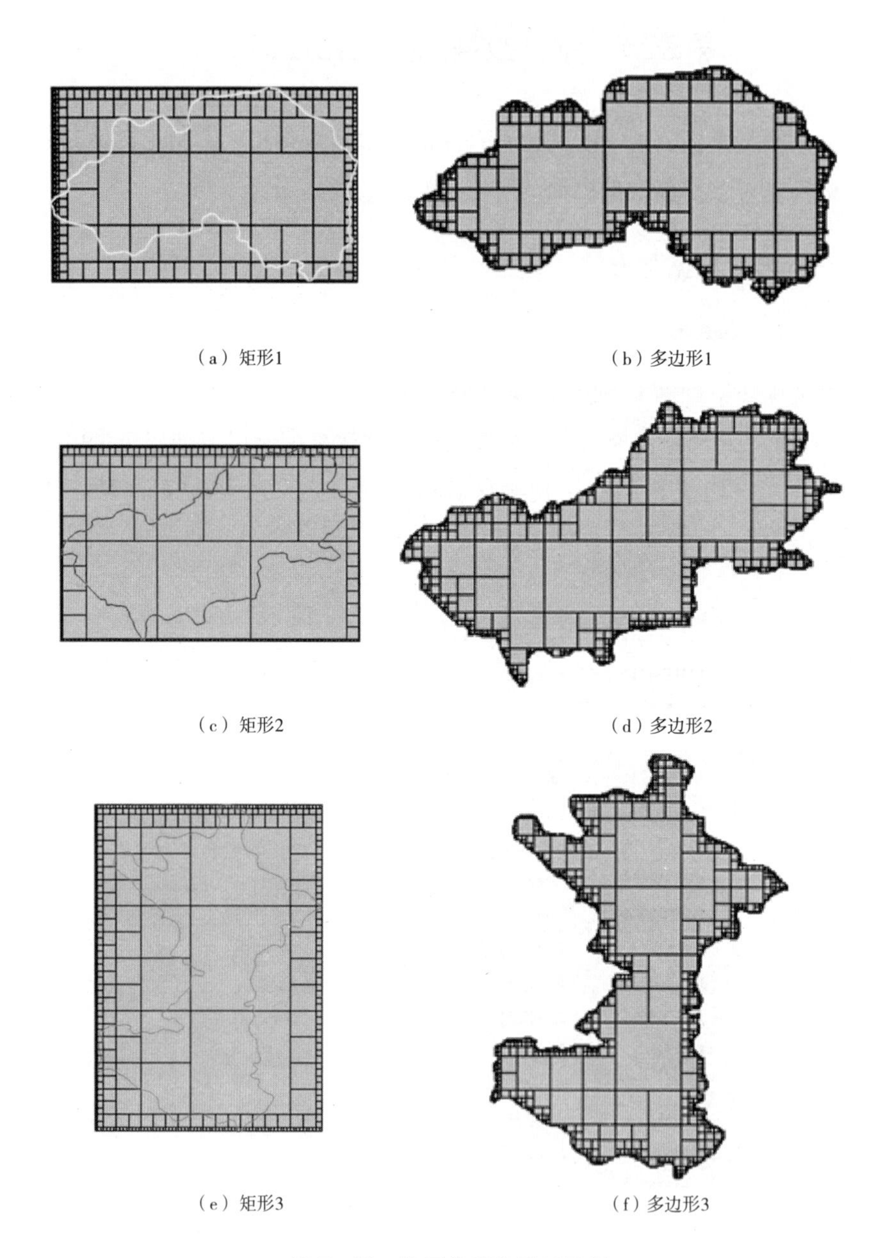

图 7－10　格网化查询区域示意

表 7－12　格网化查询试验数据详细情况

空间查询环境	规则区域			不规则区域		
	矩形 1	矩形 2	矩形 3	多边形 1	多边形 2	多边形 3
边界结点数	5	5	5	312	462	598
面积（km^2）	2157	4055	4613	1352	1994	2129
多尺度格网数	1110	1958	1258	1201	1762	2245

（二）试验方法

本试验分为格网化查询的可行性与高效性两个阶段：一是验证剖分数据模型支持对象查询、格网查询的可行性，二是分析空间大数据环境下，剖分组织结构的查询效能。

剖分数据的对象—格网查询是以格网作为查询区域的基本单元，输出与之关联的对象数据，并提取查询区域内的局部对象及属性信息；另外，分别将格网索引表构建在 Oracle 和 MongoDB 数据库中，并模拟现有业务数据在 Oracle、Oracle Spatial 中的存储方式，以规则区域、不规则区域作为查询区域，统计每种数据存储条件下的区域查询耗时。

二　试验结果与分析

（一）剖分数据的对象—格网查询

图 7－11 是以格网作为查询条件，输出与格网关联的属性查询结果，图 7－12 则是在此基础上，查询“东城区”的对象关联格网集合，输出与该区域关联的各种实体对象，且快速提取查询区域内的对象局部信息。可见，剖分型 GIS 不仅支持传统的对象—属性查询功能，还能提供格网化的对象—属性查询功能。

（二）剖分数据查询效能对比与分析

表 7－13 列出了不同数据存储环境下，三个规则区域与三个不规则区域的空间查询效率统计情况，其中，Oracle 方式是在 Oracle 数据库中构建二维表——对象表，以传统的经纬度点串来记录实体的空间信息，而 Oracle Spatial 则是使用 SDO_GEOMETRY 记录空间对象，Oracle

图 7-11　格网属性查询结果示意

查询结果

codeid	pointid	lineid
1961551620	[376808, 376809, 376810, 376815, 377727...	[null]
1961551621	[379883, 380098, 380099, 380100, 380101...	[169]
1961551632	[64358, 64359, 64370, 64373, 64390, 643...	[null]
1961551633	[64713, 64741, 64753, 64762, 64763, 647...	[null]
1961551259	[65489, 65501, 65507, 65508, 65510, 655...	[null]
1961551281	[65231, 65294, 65296, 65326, 65327, 653...	[null]
1961551283	[65020, 65021, 65026, 65137, 65138, 651...	[null]
1961551289	[64745, 64758, 64761, 64809, 64816, 648...	[null]
1961551291	[64748, 64855, 65987, 66417, 66917, 67868]	[142]
1961551262	[68606, 68607, 68608, 68702, 68830, 688...	[null]
1961551263	[72012, 72101, 72356, 72403, 72473, 724...	[null]
1961551306	[73307, 73399, 73403, 73468, 73486, 734...	[null]
1961551179	[75170, 75234, 75238, 75241, 75243, 753...	[null]
1961551201	[75022, 75089, 75094, 75104, 75107, 751...	[null]
1961551203	[75024, 75039, 75042, 75043, 75044, 750...	[null]
1961551209	[75011, 75012, 75034, 75040, 75041, 750...	[109, 110]
1961551210	[73350, 73623, 73668, 74013, 74443, 748...	[null]

图 7-12　对象格网化查询结果示意

Subdivision 和 MongoDB Subdivision 分别指在 Oracle 和 MongoDB 数据库中构建剖分格网表，该表以格网编码为主键，记录了与每个格网关联的对象及其他属性信息，二者的区别在于，Oracle 中是关系表，而 MongoDB 采用文件结构，更易扩展。

表 7-13 不同数据存储环境下空间查询效率对比

空间查询环境	规则区域(ms)			不规则区域(ms)		
	矩形 1	矩形 2	矩形 3	多边形 1	多边形 2	多边形 3
Oracle	10273	16329	18711	65791	79312	89037
Oracle Spatial	4519	8002	8693	11880	15815	16993
Oracle Subdivision	201	357	323	379	352	409
MongoDB Subdivision	414	718	632	703	685	855

从纵向和横向两个方面来分析表 7-13。

随着查询区域的几何复杂度增加，无论何种存储环境，空间查询的效率均有所下降，但是对剖分数据组织方式的影响较小；但是，对于具有同样的几何复杂度——矩形的区域查询，区域范围越小，传统方式（Oracle、Oracle Spatial）查询效率越高，但剖分组织方式（Oracle Subdivision 和 MongoDB Subdivision）查询效率与之相关性较弱，这是因为格网个数是直接影响剖分组织方式查询效率的关键因素，但区域的大小与其覆盖的多尺度格网之间并非简单的正比例关系。

无论查询区域为规则区域还是不规则区域，剖分组织方式（Oracle Subdivision 和 MongoDB Subdivision）的空间查询效率均高于传统方式（Oracle、Oracle Spatial）。在本章试验环境下，Oracle Subdivision 比 Oracle Spatial 查询效率至少高出 22 倍，MongoDB Subdivision 比 Oracle Spatial 查询效率至少高出 12 倍，且这种效率优势在不规则区域查询中得到放大。

以上试验结果与分析，验证了剖分数据格网化查询的可行性与高效性，同时也在一定程度上表明剖分型 GIS 接入现有空间大数据业务数据库的有效性：通过改造传统关系型业务数据的空间组织结构，即可利用关系型数据库中成熟的一维索引提供空间数据的查询功能，有望解决当前业务数据空间查询低效，甚至不可为的问题。

第四节 剖分数据的编码化计算试验

本试验基于剖分型 GIS 试验平台的剖分数据分析模块，重点测试了空间大数据关联共享中的基础空间操作——叠置分析，验证剖分数据计算与分析的可行性，同时，通过开展对比试验，进一步分析影响计算效率的因素。

一　试验数据与方法

（一）试验数据

叠置分析是将两个或多个数据层叠加，对属性信息重新分配的过程。本试验采用的数据层分为两种：一种是仅有一个面对象的数据层，另一种则是具有多个面对象的数据层，图 7－13 和图 7－14 分别是它们的多尺度表达效果。它们的详细空间信息如表 7－14 所示。

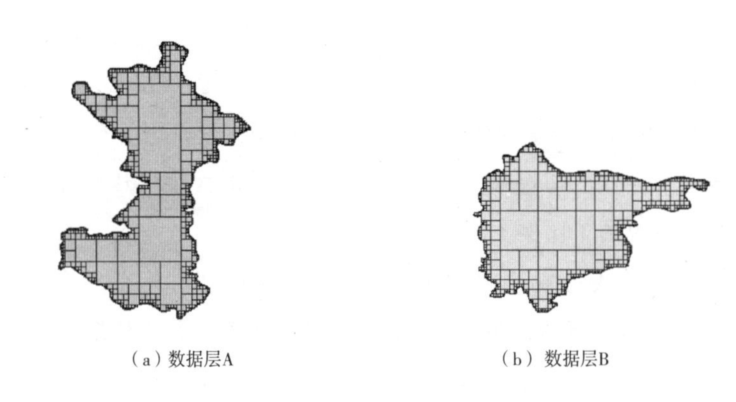

（a）数据层A　（b）数据层B

图 7－13　仅含一个面对象的待叠加数据层

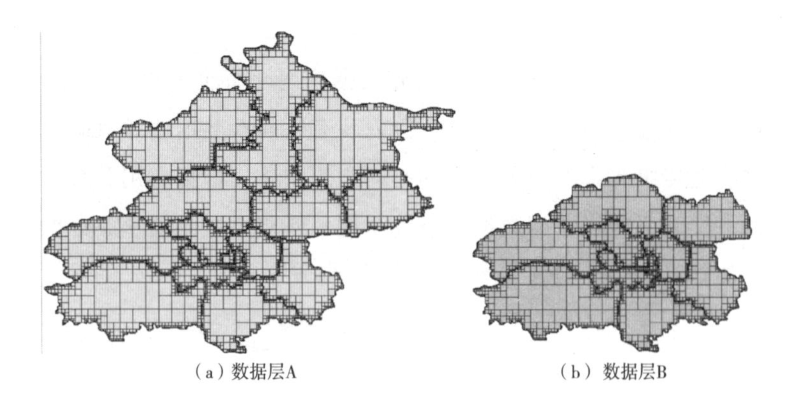

（a）数据层A　（b）数据层B

图 7－14　含多个面对象的待叠加数据层

表 7-14 叠置分析试验数据详细情况

试验方法 单尺度剖分算法耗时(ms)	面对象		面对象集	
	数据层 A	数据层 B	数据层 A	数据层 B
边界结点总数	598	488	4345	2797
面积(km^2)	2129	2204	16411	9126
多尺度格网数	2245	1804	17333	11522
单尺度格网数	53854	55287	415122	230846

（二）试验方法

本试验分为两个部分——仅有一个面对象的数据层叠加、有多个面对象的数据层叠加，以此分析参加计算的对象个数对叠加效率的影响；同时，实现基于经典多边形裁切算法——Weiler - atherton（本章简称 W - A 算法）的传统数据叠置分析，与多尺度的剖分算法和单尺度的剖分算法计算效率进行对比，分析两种剖分算法与传统算法的差异。

无论是含单个面对象的数据层，还是含多个面对象的数据层，它们的叠加流程是相同的。第一步，对象剖分化。将数据层 A 和数据层 B 中的面对象转换为剖分结构，分别生成以多尺度格网编码为主键或以单尺度格网编码为主键的临时格网索引表 GeoTableA 和 GeoTableB。第二步，格网索引表合并。以格网编码为关联基础，逐行判断 GeoTableA 和 GeoTableB 主键之间的空间嵌套关系，对属性重新分配。通过以上两步，即可实现数据层之间的叠置分析。

二 试验结果与分析

（一）含单个面对象的数据层叠置分析

图 7-15 是含单个面对象的数据层叠置效果，表 7-15 统计了 W-A 算法与剖分算法的叠置分析耗时情况。

（二）含多个面对象的数据层叠置分析

图 7-16 是含多个面对象的数据层叠置效果，表 7-16 统计了 W-A 算法与剖分算法的叠置分析耗时情况。

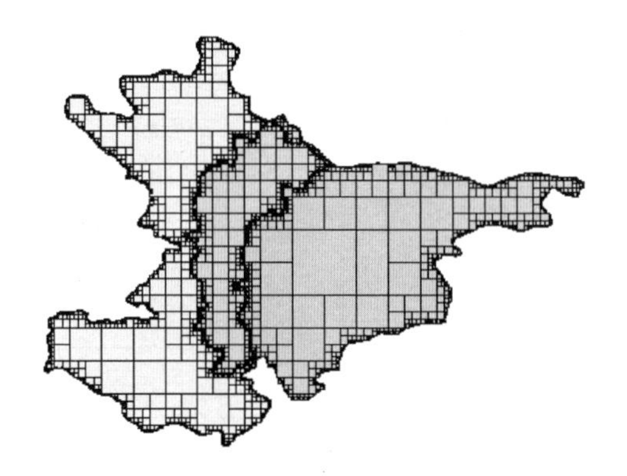

图 7－15　含单个面对象的数据层叠置效果

表 7－15　含单个面对象的数据层叠置效率对比

试验方法	第一次	第二次	第三次	平均用时
单尺度剖分算法耗时(ms)	175	182	183	180
多尺度剖分算法耗时(ms)	159	155	155	156
W－A 算法耗时(ms)	232	237	243	237

图 7－16　含多个面对象的数据层叠置效果

表 7－16　含多个面对象的数据层叠置效率对比

试验方法	第一次	第二次	第三次	平均用时
单尺度剖分算法耗时(ms)	752	753	748	751
多尺度剖分算法耗时(ms)	535	540	533	536
W－A 算法耗时(ms)	4807	4910	4781	4836

（三）试验结果分析

综合以上试验结果，可以得出以下几点。

（1）对于含单个面对象的数据层的叠置计算，剖分算法效率略高于 W－A 算法，本章试验条件下，单尺度剖分算法效率提升约 1.32 倍，多尺度剖分算法效率提升约 1.52 倍。这是因为，对于两个面对象的叠置计算，剖分算法的主要耗时在于两个格网集合之间的嵌套关系判断，是最基础的一项编码位运算，判断次数与两个面对象覆盖的格网个数有直接关系，若两个面对象覆盖的格网个数分别为 CodeNumA 和 CodeNumB，则最坏情况下的比对次数为 CodeNumA＋CodeNumB，最好情况下的比对次数为 min（CodeNumA，CodeNumB）；而 W－A 算法的主要耗时在于两个对象之间的相交判断，判断次数与表达两个面对象的线段个数，即结点个数有关，若两个面对象的结点个数分别 PointNumA 和 PointNumB，则相交判断的次数为 PointNumA × PointNumB，对于本试验中的两个对象来说，剖分算法效率相对较高；另外，两个面对象覆盖的单尺度格网数量较大，而多尺度格网个数较之大大减少，但单尺度剖分算法的嵌套关系判断即编码值的匹配，而多尺度剖分算法的单次嵌套关系判断稍复杂，故在两方面因素的共同作用下，本试验中的两个数据层的叠加效率由高到低依次为：多尺度剖分算法＞单尺度剖分算法＞W－A 算法。

（2）对于含多个面对象的数据层的叠置计算，剖分算法效率大大高于 W－A 算法，本章试验条件下，单尺度剖分算法效率提升约 6.44，多尺度剖分算法效率提升约 9.02 倍。这是因为，对于两个面对象集之间的叠置计算，剖分算法的耗时与对象集的整体覆盖区域的大小及数据精度有关，即与关联格网总数有直接关系，而与参与计算的对象个数相关性较弱；但是经纬度体系下的 W - A 算法耗时与参考计算的对象个数息息相关，对象个数越多，表达对象空间信息的结点个数越多，那么相交关系判断的次数也就越多。本试验中的两个数据层的叠加效率由高到低依然为：多尺度剖分算法 > 单尺度剖分算法 > W - A 算法。

（3）在本章试验环境下，基于剖分算法的空间叠置分析优于经纬度体系下的经典算法——W - A 算法，特别是在参与叠置分析的数据集越复杂时，这种优势越发明显，且多尺度剖分算法效率一般高于单尺度剖分算法，但是，可以预见到，当参与叠置分析的数据集几何形态极为规则（如矩形）时，剖分算法效率可能不及传统算法。此外，需要注意的是，算法效率在一定程度上依赖于数据库的检索性能。

以上试验与分析，验证了剖分数据计算的可行性，并分析了剖分算法的适用条件：当参与计算的数据集包含对象个数较多，或对象几何复杂度较高时，剖分算法的效率高于传统算法。

第五节　海量数据的多尺度展示试验

本试验基于剖分型 GIS 试验平台的剖分可视化模块，利用多尺度格网天然的统计分析特性，验证海量空间数据剖分化展示的可行性。

一　试验数据与方法

（一）试验数据

试验区域为北京市，采用的试验数据为 1000 万条模拟 POI 数据。用 ArcGIS 的图层加载功能，这些数据的展示效果如图 7 - 17 所示。

（二）试验方法与流程

制作北京市的 POI 电子地图，支持数据的多尺度展示，更直观地反映数据的空间分布情况。

海量数据的多尺度展示流程：首先，POI 数据剖分建模，将各个数据关

图 7－17　海量数据的传统展示效果示意

联至精度层级的格网；其次，选择数据的统计展示层级，针对该层级下每个格网，统计其精度层级所有子格网的数据关联个数；最后，根据统计结果与设定的分级要求对各个格网赋色。

二　试验结果与分析

当 $n=12$、13、14、15 时，POI 数据在第 n 层级的统计展示效果如图 7－18 所示。

分析以上试验结果，可以方便且直观地得出模拟数据的空间分布特征，验证了海量空间数据多尺度展示的可行性，有利于剖分型 GIS 应用于大数据的展示与决策分析。

第六节　试验小结

本章在搭建剖分型 GIS 试验平台的基础上，从应用出发，开展了四组验证试验，且针对每个试验设计了剖分数据模型的实现流程，其中：①空间数据的剖分建模试验，验证了各种空间数据剖分表达的可行性，为剖分型 GIS 接入现有 GIS 平台提供了参考和依据；②剖分数据的格网化查询试验，验证了剖分数据查询的可行性与高效性，同时也在一定程度上表明剖分型 GIS 接

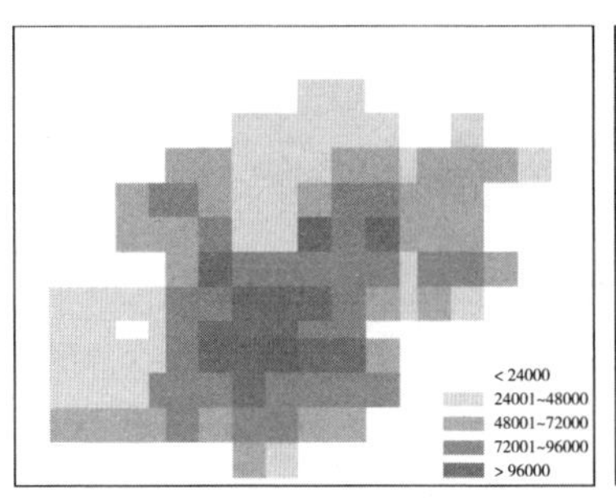

（a）第12层级展示结果

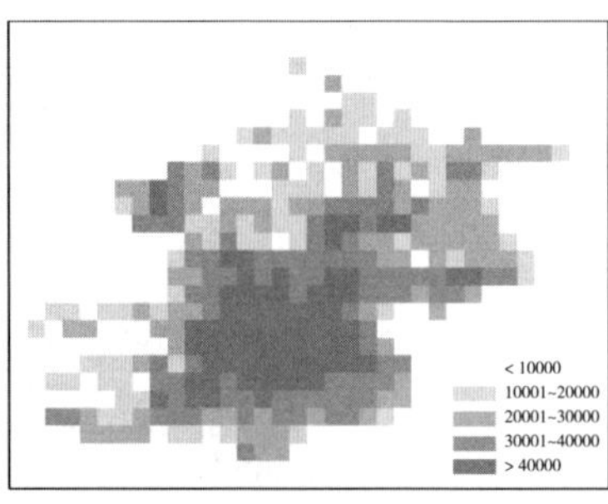

（b）第13层级展示结果

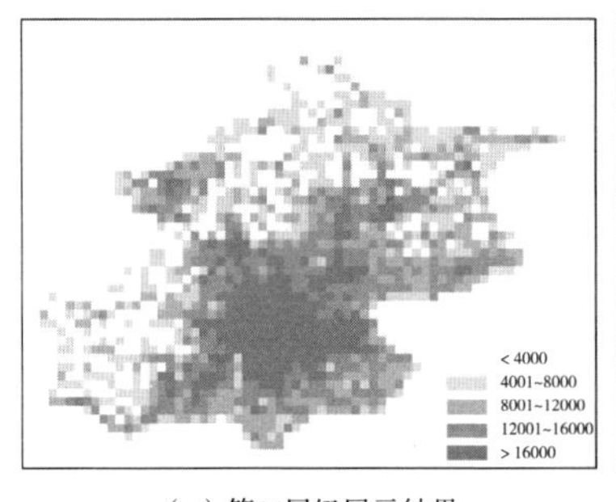

（c）第14层级展示结果

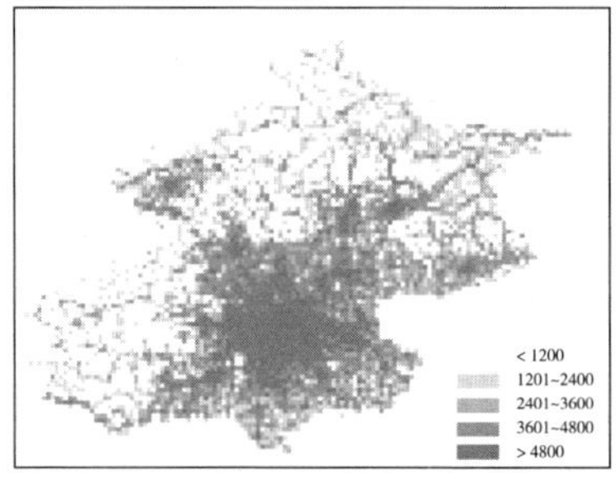

（d）第15层级展示结果

图 7－18　海量数据多尺度统计展示效果

入现有业务数据库、借助传统数据库性能提升数据服务能力的有效性；③剖分数据的编码化计算试验，以空间叠置分析为例，验证了剖分数据计算的可行性，并与传统算法对比分析了剖分算法的适用条件；④海量数据的多尺度展示试验，验证了海量空间数据多尺度展示的可行性，有利于剖分型 GIS 应用于大数据的展示与决策分析。

四组试验从不同层面验证了剖分数据模型的可行性，模型的适用性分析更进一步地体现：作为新型 GIS 模型，该模型应用于空间大数据组织、管理、查询、分析与展示等方面的优势。

下篇　应用篇

第八章
居民消费形势分析

消费是我国经济增长的主动力。近年来，消费新业态新模式的不断涌现，进一步激发了居民消费潜力。国家统计局发布的数据显示，我国 2019 年最终消费支出对国内生产总值增长的贡献率为 57.8%，高于资本形成总额 26.6 个百分点，消费对经济发展的基础性地位日益稳固。因此，本章研究居民线下消费行为的空间分布特征及其影响因素，可以为我国居民消费趋势分析与预测提供理论依据，有助于提高消费领域宏观经济分析研判的科学性、合理性和完整性。研究成果可广泛应用于城市边界、就业趋势、人口流动、高新技术产业监测等具有时空特征的领域，既能够辅助宏观经济预测研判，又能够服务于区域产业发展、空间规划、招商引资等环节，为区域发展带来经济效益。

第一节　相关研究文献评述

居民线下消费行为研究是一类典型的时空行为研究，而时空行为研究一直以来都是区域经济学的热点研究方向之一。目前，学术界对居民线下消费行为的研究主要集中在时空分布特征和影响因素分析两个方面。

在线下消费行为时空分布特征研究方面，通常是利用传统 GIS 空间分析方法（如空间自相关、核密度分析等）对多源数据进行关联分析（秦萧等，2013）。早期使用的数据主要是 GPS、GIS 及网络日志等，如周素红等（2008）以广州市为例，将消费者行为作为联系商业业态空间与居住空间的纽带，基于浮动车 GPS 数据开展时空挖掘分析，识别出新旧两个商业中心，探索双商业中心对购物出行的吸引时空规律以及差异性，进而剖析城市的空间结构及其发展演变的动力机制；Edwards 等（2009）利用 GPS、谷歌地图和网页标注等工具，通过模拟还原 76 个旅行者在悉尼和堪培拉两个城市的行动轨迹，建立了出行行为轨迹分析模型，对旅行者的出游线路、交通换乘方式、遇到的出行阻碍等进行了特征提取。随着大数据时代的到来，数据获取手段越来越丰富，社交网络、手机信令、智能卡等数据逐渐被应用于时空行为研究中，如 Malleson 等（2012）采用核密度分析法对 40 万个用户一年内的推特数据和人口普查数据进行分析，构建一个基于社交网络数据和统计数据的智能化行为分析模型，能够根据用户在不同地方发布消息的频率来推断其活动地点和具体行为；秦萧等（2014）利用大众点评网站上南京市所有餐饮商户的用户点评数据，建立了口碑评价指标体系，并对该市餐饮商户的空间分布进行核密度分析和综合评价，结果显示：南京城区餐饮商户大致呈现“头小底大”的四等级金字塔状，空间分布呈现“一核多极”的共生协同发展格局。

在消费者线下消费行为影响因素分析方面，主要研究视角集中在消费者个性特征、消费者认知、消费环境因素、社会环境因素等方面（郑浦阳，2020）。Charlotte 和 Priya（2014）将消费行为影响因素分为内在和外在两类，此观点得到诸多学者认同；王芸（2013）针对成都市 395 名消费者追溯猪肉信息的行为开展实地调研，发现消费者的年龄、认知等因素对行为有重要影响，而消费者的性别、文化程度、家庭人均月收入等则不显著。张艺丹（2020）将城市社区老年人消费行为影响因素划为表层、中层、深层 3 个阶梯，其中产品和服务的吸引力、消费者年龄为表层直接因素，消费习惯、便捷度为深层根本因素。

通过梳理文献发现，利用手机信令等数据来研究分析城市居民消费行为的时空特性和影响因素对于优化城市基础设施空间规划与布局、提高社会治理能力现代化水平、促进区域经济协同发展具有重要意义（魏颖等，2019），但目前学术界该类研究较少，且尚未形成成熟的理论方法和应用框架体系。鉴于此，本章以重庆市居民线下消费的时空行为为例，尝试将手机信令数据与其他多源数据相结合，分析消费行为的时空分布特征，探究居民线下消费行为与外在环境因素的空间相关性。

第二节 居民线下消费行为空间分布及影响因素的理论研究

一 基于手机信令数据分析线下消费行为的空间分布特征

一方面，基于手机信令数据分析线下消费行为的空间分布特征具有理论依据。复旦大学城市发展研究院张伊娜团队（2016）将商圈的成单量除以人流量，作为人流消费转化率指标，以此考察商圈对导入人流的促进消费能力。该团队研究上海市各商圈手机信令、成单量等数据的结果显示：除个别极热门商圈外，其他商圈的人流消费转化率基本在0.1上下，人流量与消费量有较强的正相关性。另一方面，本章提及的空间分布特征分析是指利用空间自相关分析方法对居民线下消费行为的空间聚集性和异质性进行分析（李慧等，2011），并量化研究区域的属性值与其周边区域属性值之间的空间相关性程度。其中，空间聚集性是指研究区域的属性值与周边区域属性值相近，分为高值聚集和低值聚集；空间异质性是指研究区域的属性值与周边区域属性值差异较大，分为高—低异质和低—高异质。因此，利用手机信令数据研究线下消费行为的空间分布特征可以用来识别一定区域内的消费集聚区、城市边界等，为精准施策、推动区域协同发展提供数据支撑。

二 线下消费行为的影响因素分析

借鉴Charlotte和Priya（2014）的划分方式，消费行为影响因素包括内因和外因两类：外因指消费文化、消费环境和组织群体；内因指个性特征、生活习性、消费动机和社会地位。每一种因素可进一步拆分为若干子因素。考虑到本章采用手机信令数据反映的是一定区域内的群体性消费热度，丧失了单个消费者的个性特征等细节信息，故选取外因中的消费环境作为本章研究重点。消费环境涵盖的范围较广，包括经济条件、生活便利度、生态和社会环境等方面。

经济条件是城市居民消费支出的表层影响因素。经济条件较好的人群所在区域相比经济条件较差的区域消费潜力更大，对其周边区域的经济水平也有一定的辐射拉动作用。

生活便利度和生态环境是居民线下消费热度的中层影响因素。在线上消费热情日益高涨的今天，出行成本是消费者“走出去”的重要考量因素。交通路网等基础设施越完善，空气质量越高，居民外出的意愿越强烈，区域及其周边的消费热度越高。

社会环境是居民消费习惯养成的深层影响因素。2020 年 3 月，为进一步改善消费环境，国家发改委等 23 个部门联合印发《关于促进消费扩容提质加快形成强大国内市场的实施意见》。诸如此类政策文件的出台，特别是各地出台了一系列鼓励“夜间经济”“地摊经济”的举措，有助于提高社会参与的积极性，催生居民线下消费欲望，构建激励消费的正向闭环。

综上所述，经济条件、生活便利度、生态和社会环境等构成了影响居民线下消费行为的外在因素。本章获取了部分数据资源，尝试对上述因素开展量化分析实验。

第三节　居民线下消费行为空间分布及影响因素的实证分析

一　研究方法

本章利用手机信令数据来量化居民线下消费行为的热度情况，以重庆市为例，采用空间自相关分析方法分析该市居民消费行为的时空分布特征，分区域、分时段对比居民线下消费的空间聚集程度和空间异质性。同时，考虑到区域消费热度可能受其周边地区经济发达程度、生态环境质量和交通设施建设情况等因素影响，尝试将消费行为数据与 GDP、房价、空气质量和交通便利度等数据进行双变量空间自相关分析，对比分析各种因素对消费行为的影响程度，以此探索线下消费经济增长的动力机制。

结合上述思路，本章采用了三种空间自相关分析方法，即全局空间自相关、局部空间自相关和双变量空间自相关。

（一）全局空间自相关

全局空间自相关用于衡量整个研究区域中某一属性的总体空间相关性（曹敏，2019；狄乾斌等，2018）。本章采用全局 Moran's I 来判断重庆全市居民线下消费行为是否为空间聚集分布、空间扩散分布或者空间均衡分布，计算公式如下：

$$I = \frac{\sum_{i=1}^{n}\sum_{j=1}^{n} w_{ij}(x_i - \bar{x})(x_j - \bar{x})}{S^2 \sum_{i=1}^{n}\sum_{j=1}^{n} w_{ij}} \tag{8.1}$$

式（8.1）中，n 代表重庆市区县个数；w_{ij}代表空间权重矩阵 W 的第 i 行第 j 列元素，表示 第 i 个和第 j 个区县之间的距离，用来度量两个区域之间的邻近关系；$S^2 = \frac{\sum_{i=1}^{n}(x_i - \bar{x})^2}{n}$为样本方差，$x_i$和 x_j分别为第 i 个和第 j 个区县的属性值；而$\sum_{i=1}^{n}\sum_{j=1}^{n} w_{ij}$为所有空间权重之和。

（二）局部空间自相关

本章采用 Local Moran's I 来分析重庆各区县居民线下消费行为在不同时段的空间聚集或异质分布情况，并用 LISA 分布图来描述属性值在单个区县 Area 和其周围区域的局域空间相关性，主要有高高（H－H）、高低（H－L）、低高（L－H）和低低（L－L）四种典型模式，计算公式如下：

$$I_i = (x_i - \bar{x}) \sum_{j \neq i}^{n} w_{ij}(x_j - \bar{x}) \tag{8.2}$$

其中，I_i 代表第 i 个地区的局部 Moran's I。

（三）双变量空间自相关

在探讨 X 和 Y 两个属性之间的影响情况时，通常采用双变量空间自相关（姜淑颖、徐敬海，2020）来揭示给定单元上两两属性值之间的相关性。

本章采用双变量 Moran's I 来分析重庆各区县居民线下消费行为与多种影响因素之间的空间聚集或异质分布情况，计算公式如下：

$$I(X,Y) = \frac{n\sum_{i=1}^{n}\sum_{j\neq 1}^{n} w_{ij}(x_i - \bar{x})(y_j - \bar{y})}{(n-1)\sum_{i=1}^{n}\sum_{j\neq 1}^{n} w_{ij}} \tag{8.3}$$

其中，I（X，Y）为线下消费热度 X 与某一影响因素 Y 的双变量空间自相关系数，数值越大，表示两者空间分布的相关性越大。空间权重 w_{ij} 采用行标准化。

二　数据及预处理

（一）实验数据介绍

本研究区域为重庆市，包括渝北、南岸、九龙坡、沙坪坝、江北、万州、涪陵、巴南、开州、合川、永川、江津、渝中、北碚等 38 个区县。所使用的数据包括手机信令数据、POI、土地利用分类图、GDP、房价、交通和空气质量七类，且数据的空间粒度均为区县级。考虑到本章采用的手机信令数据时间跨度（本研究的时间区间）为 2018 年下半年和 2019 年上半年，其他数据由于逐年变化较小，且本章重点关注研究思路和方法的可行性，故其他数据的采集时间点选取原则明确为：官方渠道可获取、与研究时间区间最邻近。

（二）消费人流量识别

上文提到，商圈人流量与消费量有较强的正相关性，而本章使用的手机信令数据仅能衡量每个区县的人口数量，而非消费人流量。因此，首先应从手机信令数据中识别出消费人流量。本章通过将手机信令数据与土地利用分类地图、POI 数据进行空间叠加，识别手机用户的职住地，并设定了位于职住地外且消费场所内、逗留时长超过一定阈值（本章设定为 30 分钟）等规则，筛选出每个区县线下消费的周均人流量。

三　线下消费行为的时空分布特征分析

基于重庆市各区县日均线下消费人流量数据，运用 ArcGIS 和 GeoDA 软件，分别计算全局和局部 Moran's I 的值，从时间和空间维度上对比居民线下消费行为的空间聚集性和异质性。

（一）全市消费行为的空间相关性分析

重庆市各区县日均线下消费人流量的全局 Moran's I = 0.267，说明消费人流量的分布具有强空间相关性，且总体呈现聚集状态，表示各区县之间的消费热度受空间区位的影响较显著。进一步计算 LISA 值，绘制 LISA 分布图。可知，研究区域的 38 个区县中，10 个区县呈 H – H 模式，为高值聚集区，以主城区为核心形成了连片的大型消费聚集区；黔江区、彭水苗族土家族自治县、酉阳土家族苗族自治县 3 个区县呈 L – L 模式，为低值聚集区，消费潜力尚未激发；5 个区县呈 L – H 模式，被高值区包围，且与高值聚集区相邻，有望作为引流区迈进高值区。

（二）不同时段空间聚集性分析

对重庆市各区县的消费人流量数据分时段拆分，可进一步对比分析不同时段的消费行为特征，本章采取了以下两种划分方式。

1. 工作日/休息日消费行为空间聚集性分析

分别计算 2018 年 7 月 1 日至 2019 年 6 月 30 日所有工作日和休息日的日均消费人流量，用于衡量各区县工作日和休息日的消费热度。结果显示，工作日和休息日的消费人流量全域 Moran's I 的数值分别为 0.265 和 0.282，可见休息日消费行为的空间聚集性更强。对比两个时段的 LISA 图发现，南川区在休息日的消费热度与周边区县呈现 L – H 异质特征，与其“重庆大都市区的生态后花园”定位不甚相符，仍有进步空间。

2. 白天/夜晚消费行为空间聚集性分析

分别计算白天和夜晚的日均消费人流量，用于衡量各区县白天和夜晚的消费热度。结果显示，白天和夜晚的消费人流量全域 Moran's I 的数值分别为 0.258 和 0.282，夜晚消费行为的空间依赖性更强。对比两个时段的 LISA 图，发现长寿区与周边区县白天的消费人流量呈 L – H 模式，夜晚则呈 H – H 模式，夜间消费活力强劲，与该地区夜生活相关 POI 数量较大的现状相匹配。

四 线下消费时空行为的影响因素分析

本章选取GDP、空气质量、房价、交通便利度4个维度，分别计算双变量Moran's I的值，分析其与居民消费热度的空间相关性。特别地，区县i的交通便利度C_i可用以下公式计算：

$$C_i = \frac{T_i + S_i}{A_i} \tag{8.4}$$

其中，T_i代表i内公交站点数量，S_i代表i内地铁站点数量，A_i代表i的面积。

结果显示，空气质量与消费人流量的空间相关性最强，其后是GDP、交通便利度，最后是房价，这4种影响因素与消费人流量均整体呈现正相关性。空气质量对消费人流量的Moran's I达到0.548，表现出极为显著的空间同质性，表示周边消费热度较高的区域空气质量较差（AQI值越小），该现象与人们的认知相符，可见局部区域的人口活跃度与空气质量可能具有一定的因果关系。GDP代表一个区域的总体经济状况，其对消费人流量的Moran's I为0.309，空间同质性较为显著，表示经济越发达的区域线下消费热度也越高，一定程度上反映了GDP对当地消费能力有正向影响。交通便利度和房价对消费人流量的Moran's I分别为0.152和0.107，与人们的普遍认知存在偏差，特别是房价与消费人流量之间较弱的空间依赖性，粉碎了“未来周边商圈将带动房价上涨”的房地产泡沫。

第四节 结论与启示

本章基于手机信令数据，以重庆市为例，对其38个区县居民线下消费行为进行了空间自相关分析，探索了消费行为的空间依赖性及其作为经济发展水平微观化的空间异质性。结果显示，重庆市线下消费行为具有强空间聚集性，且休息日和夜晚线下消费的空间聚集性比工作日和白天更强。此外，消费人流量受周边区域影响强度由强到弱依次为：空气质量、GDP、交通便利度、房价。基于上述研究结论，得出以下启示。

（一）坚持区域协同发展，是提振线下消费的重要手段

本章研究表明，消费呈现较强的空间聚集性。区域消费受其周边地区影响较大，区域协同发展比单点发展的经济推动力更为有效。近年来，我国提出的京津冀、长三角、粤港澳、成渝双城经济圈等重大区域协同发展战略，正是以区域同质发展和错位发展为路径，有助于拉动整个区域线下消费，进而促进经济稳定增长。

（二）持续优化消费环境，有助于提升居民线下消费意愿

本章研究印证了消费环境与消费热度之间的空间正相关性，消费环境直接或间接影响着线下消费热情。近年来，国家各部门和各级地方政府纷纷出台促消费系列举措，在增加居民财产性收入、优化城乡商业网点布局、加强消费物流基础设施建设等领域持续发力，鼓励各地根据自身情况发展“夜间经济”“地摊经济”，为居民线下消费营造了惠企便民的消费环境，取得了较好成效。

（三）推动线下消费快速增长的同时，应增强生态环境保护意识

本章研究表明，消费热度较高的区域，其周边的空气质量普遍较差，以牺牲环境来拉升经济的粗放式发展对居民健康带来威胁。近年来，从新能源汽车到少用塑料袋等一次性制品，绿色消费理念深入人心，坚持生态保护与经济发展并重，才是实现可持续发展的必由之路。

第九章
湾区数字经济发展情况评估：以浙江大湾区为例

作为当今国际经济版图的突出亮点，以纽约湾区、东京湾区、旧金山湾区等为代表的国际一流湾区，以其开放的经济结构、高效的资源配置能力、充足的人才与技术储备以及发达的国际交流网络，不断引领技术变革，带动全球经济发展。当前，全球迎来重大数字化机遇，数字化市场规模将达到数万亿美元，数字经济的发展将为湾区经济增长提供极大助力。

本章以浙江大湾区为例，结合相关数据，对时空大数据助力湾区数字经济发展状况进行评估。本章首先从浙江大湾区的顶层设计、数字经济规模和数字经济指数等角度分析当前的发展状况，其次以用云量和计算力来介绍湾区信息基础设施建设总体成效，然后从产业链、人才链、创新链、资金链等维度综合分析浙江大湾区的数字经济发展情况，最后给出适应湾区发展状况的政策建议。

本章的基础数据主要包括：2016 年 1 月 1 日至 2019 年 6 月 30 日浙江省大湾区[①]数字经济相关企业工商登记数据、人才招聘数据、企业招投标数据、专利和论文等创新数据，国内主要设备供应商的服务器销售和市场份额数据，基础设施地理信息点（POI）数据等，数据总量达 1.37 亿条。同时，引用了科研院所、企业、第三方机构发布的数字经济相关指数成果，以及国家统计局和浙江省统计局发布的统计数据。

---

① 文中数据分析的空间范围涉及杭州、宁波、温州、嘉兴、湖州、绍兴、舟山、台州 8 市。

第一节　数字经济发展蹄疾步稳

一　数字经济顶层设计日趋完善

早在2003年，习近平同志在浙江工作期间提出“八八战略”，明确要求“进一步发挥块状特色产业优势，加快先进制造业基地建设，走新型工业化道路”，多次强调“坚持以信息化带动工业化，推进‘数字浙江’建设”。2017年底，浙江省提出将数字经济作为“一号工程”，成为浙江省推动高质量发展、提高竞争力、迈向现代化、实现“两个高水平”的重要举措之一，并不断强化数字经济发展的顶层统筹机制。政策方面，2017年以来，浙江省陆续出台了一系列大数据与数字经济相关政策文件（见图9－1），仅与省级机关部门直接相关的政策文件就多达19个。特别是2018年5月21日浙江省政府办公厅发布《浙江省大湾区建设行动计划》以来，支持数字经济发展政策出台力度明显加大，《浙江省数字经济核心产业统计分类目录》《浙江省数字经济五年倍增计划》《浙江省新一代人工智能发展规划（2019－2022）》等一系列重磅文件相继发布实施，获得了较高的社会关注度和较大的影响力。机构方面，2018年10月，正式组建省大数据发展管理局，负责推进政府数字化转型和大数据资源管理等工作，统筹管理公共数据资源和电子政务工作，推进政府信息资源整合利用，打破信息孤岛、实现数据共享，进一步助推“最多跑一次”改革和政府数字化转型，加快推进数字浙江建设。

二　数字经济核心产业稳步增长

2017年，浙江省大湾区数字经济核心产业总收入为16489亿元，产业增加值为4906亿元，按现价计算比上年增长18.0%，占全省生产总值（GDP）的9.5%，比重比上年提高0.7个百分点；2018年，浙江省大湾区内数字经济核心产业总收入超过2万亿元，增加值为5548亿元，比上年增

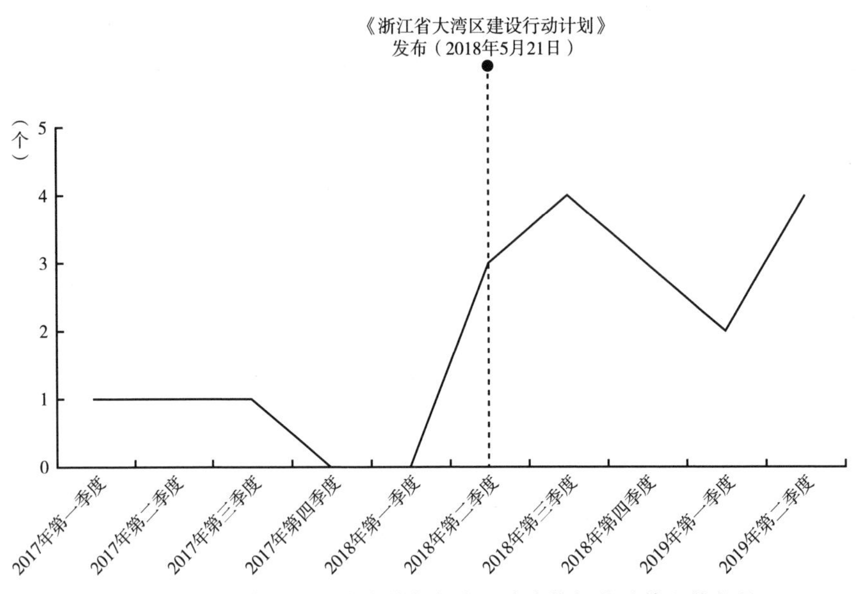

图 9-1 浙江省级机构发布的与数字经济直接相关政策文件数量

长 13.1%（见图 9-2），占全省生产总值的 9.9%，比重比上年提升 0.4 个百分点。2019 年上半年，浙江省规模以上工业中，数字经济核心产业增加值同比增长 11.6%，占规模以上工业的比重为 11.7%，高技术、高新技术、装备制造业、战略性新兴产业增加值分别增长 11.0%、6.7%、6.3% 和 9.0%。总体来看，近年来，浙江省大湾区数字经济核心产业增加值逐步增长，占全省 GDP 的比重保持稳步上升势头，但增长率整体低于我国平均水平。

三 数字经济总体排名居前列

近年来，许多科研院所、企业和第三方机构从不同角度测算评估我国各省、各城市的数字经济发展情况，并发布了一系列数字经济指数。其中，腾讯研究院发布的《数字中国指数报告（2019）》指出，浙江省数字化基础雄厚，已处于数字产业发展的成熟期，数字产业指数排全国第 5 位。分城市来看，杭州、宁波、温州均入选全国数字产业发展三十强，分别为第 12 名、第 22 名和第 25 名（见表 9-1）。

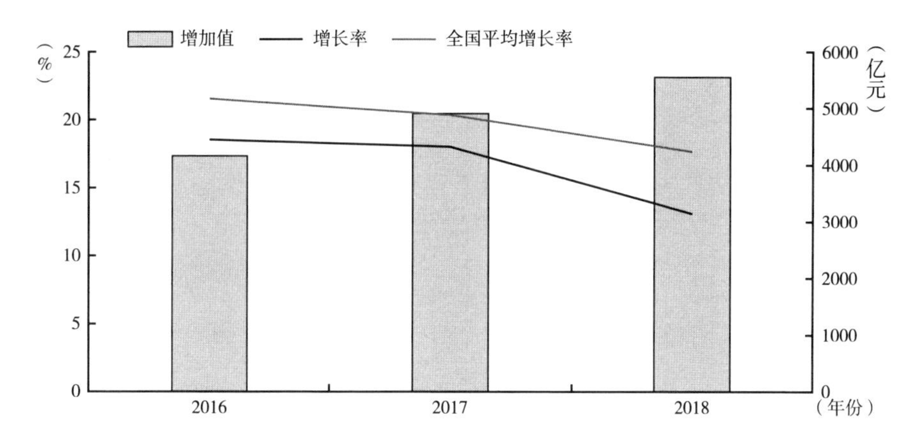

图 9－2 近年来浙江省大湾区数字经济产业增加值及增长率

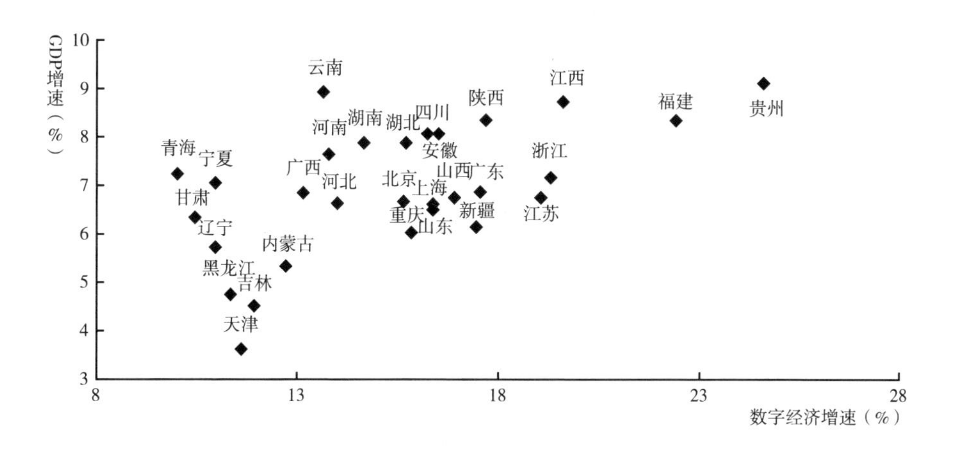

图 9－3 2018 年我国部分省份数字经济和 GDP 增速

数据来源：中国信息通信研究院：《中国数字经济发展与就业白皮书（2019 年）》，2019 年 4 月。

表 9－1 2019 年数字产业指数城市排名 TOP30

排名	城市	所在省（区、市）	排名变化	排名	城市	所在省（区、市）	排名变化
1	北京	北京	0	5	成都	四川	0
2	上海	上海	1	6	东莞	广东	1
3	深圳	广东	－1	7	重庆	重庆	－1
4	广州	广东	0	8	郑州	河南	1

续表

排名	城市	所在省（区、市）	排名变化	排名	城市	所在省（区、市）	排名变化
9	苏州	江苏	4	20	福州	福建	1
10	西安	陕西	5	21	济南	山东	-1
11	长沙	湖南	1	22	宁波	浙江	-4
12	杭州	浙江	-2	23	合肥	安徽	4
13	武汉	湖北	-2	24	沈阳	辽宁	-1
14	佛山	广东	0	25	温州	浙江	1
15	天津	天津	-7	26	石家庄	河北	8
16	南京	江苏	0	27	泉州	福建	-2
17	厦门	福建	0	28	惠州	广东	0
18	昆明	云南	6	29	南宁	广西	-7
19	青岛	山东	0	30	无锡	江苏	0

数据来源：腾讯研究院：《数字中国指数报告（2019）》，2019 年 5 月。

从细分产业来看，杭州市传统产业的数字化转型成效明显，诸多产业位列全国 TOP10，具体为旅游、住宿餐饮、生活服务、商业服务、交通物流和零售（见表 9-2）。

表 9-2　数字产业十大细分产业城市 TOP10

排名	数字零售	数字金融	数字交通物流	数字医疗	数字教育	数字文娱	数字住宿餐饮	数字旅游	数字商业服务	数字生活服务
1	北京	深圳	北京	广州	北京	北京	上海	北京	北京	上海
2	上海	北京	深圳	深圳	广州	广州	北京	上海	深圳	北京
3	广州	上海	广州	北京	上海	上海	深圳	深圳	上海	广州
4	深圳	广州	上海	成都	深圳	深圳	广州	广州	成都	深圳
5	成都	重庆	成都	东莞	郑州	成都	成都	成都	广州	成都
6	重庆	成都	东莞	上海	东莞	重庆	杭州	杭州	重庆	杭州
7	苏州	东莞	杭州	长沙	西安	东莞	苏州	重庆	杭州	南京
8	东莞	武汉	重庆	佛山	成都	苏州	南京	南京	东莞	天津
9	天津	佛山	南京	重庆	重庆	武汉	天津	苏州	苏州	苏州
10	杭州	郑州	苏州	苏州	长沙	佛山	重庆	天津	武汉	重庆

数据来源：腾讯研究院：《数字中国指数报告（2019）》，2019 年 5 月。

新华三集团数字经济研究院从信息化基础设施、城市服务、城市治理、产业融合等四个方面对全国338个地级市2019年的数字经济发展情况进行了量化分析，杭州和宁波两地均进入全国十强，分别排第5位和第8位（见表9－3）。

表9－3 浙江省大湾区重点城市在数字经济指数中的排名情况

城　市	2019年排名	排名变化
杭　州	5	1
宁　波	8	0
温　州	34	1
嘉　兴	38	－2
绍　兴	41	1
台　州	42	2
湖　州	67	2

数据来源：新华三集团数字经济研究院：《中国城市数字经济指数白皮书（2019）》，2019年4月。

横向对比杭州、宁波和深圳的一级指标得分，三市在城市服务方面不相上下，杭州市在城市治理方面表现极为突出，而杭州和宁波在数据及信息化基础设施、产业融合两个指标上尚有进步空间。

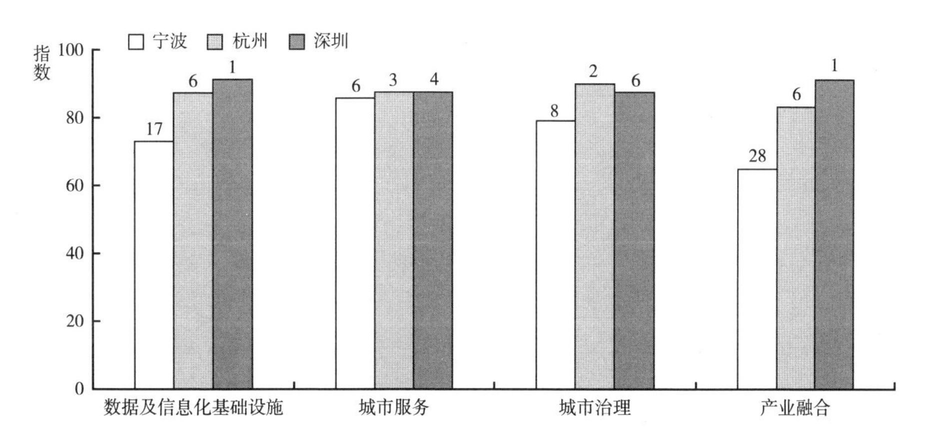

图9－4 2019年杭州、宁波、深圳三市一级指标得分对比

注：柱形图上数据为城市在评估体系中的单项排名，评估城市的总数为113。

第二节 信息基础设施建设总体成效显著

一 用云量上升至第四名

“数据”是驱动数字经济发展的第一生产性要素，是新时代经济发展的“新能源”。云，就是存储、运输、加工、应用这一“新能源”的基础设施，“用云量”正是衡量这一“新能源”投入和消耗的关键指标，是一时一地数字经济发展热度的“晴雨表”。地区用云量是指某一地区在一段时间内对云存储、云主机等云服务的综合使用量。① 回归分析显示，用云量每增长1个点，GDP大致增加230.9亿元。根据腾讯研究院测算，浙江省2018年用云量位于全国第4名，相较于2017年有明显进步。但从浙江省大湾区内各城市用云量排名来看，仅杭州一市跻身TOP30之列（见表9－4、表9－5）。

表9－4 2018年用云量省级排名TOP10

排名	省(区、市)	与2017年排名变化	排名	省(区、市)	与2017年排名变化
1	北京	0	6	江苏	2
2	上海	1	7	广西	12
3	广东	－1	8	湖北	－2
4	浙江	3	9	四川	0
5	福建	0	10	天津	－6

表9－5 2018年用云量城市排名TOP30

排名	城市	所在省(区、市)	排名变化	排名	城市	所在省(区、市)	排名变化
1	北京	北京	0	4	广州	广东	1
2	上海	上海	0	5	杭州	浙江	4
3	深圳	广东	0	6	东莞	广东	25

① 对客户使用的各类云服务进行标准化、加权平均的总和指标。各类云服务包括服务器、存储产品、数据库、IDC带宽等数十种IaaS服务，云安全、大数据与AI等十多种PaaS服务，以及域名、金融云、中间件等十多种SaaS服务。

续表

排名	城市	所在省（区、市）	排名变化	排名	城市	所在省（区、市）	排名变化
7	南宁	广西	30	19	郑州	河南	1
8	厦门	福建	-1	20	长沙	湖南	-4
9	武汉	湖北	-3	21	中山	广东	13
10	成都	四川	0	22	济南	山东	2
11	福州	福建	-3	23	石家庄	河北	13
12	天津	天津	-8	24	西安	陕西	-7
13	淮安	江苏	112	25	海口	海南	16
14	昆明	云南	1	26	无锡	江苏	-7
15	重庆	重庆	3	27	合肥	安徽	1
16	苏州	江苏	-4	28	贵阳	贵州	17
17	南京	江苏	-3	29	呼和浩特	内蒙古	-8
18	珠海	广东	24	30	芜湖	安徽	38

二　计算力居全国第三位

“计算力”对数字经济发展的衡量更偏重于技术层面，强调以供给侧的计算和存储资源消耗作为指标测算的主要依据，现已成为数字经济发展的主动力引擎。基于浪潮、华为等国内主要设备供应商提供的服务器销售数据、市场份额等，经标准化、加权平均等计算得到各省（区、市）算力指数。分析各省（区、市）计算力排名情况可知，近两年已经形成京、广、浙三足鼎立局面，浙江省稳居全国第三名，从供给侧为推动大湾区数字经济发展提供了充足的计算和存储资源。

表 9-6　2017 年、2018 年计算力省级排名 TOP10

省（区、市）	2018 年	排名变化	2017 年	排名变化
北　京	1	0	1	0
广　东	2	0	2	0
浙　江	3	0	3	0

续表

省(区、市)	2018 年	排名变化	2017 年	排名变化
上　海	4	0	4	0
江　苏	5	0	5	0
山　东	6	0	6	0
四　川	7	0	7	0
山　西	8	5	13	-5
湖　北	9	2	11	1
黑龙江	10	13	23	-2

第三节　产业发展不平衡不充分现象突出

一　产业链："单核引领"产业格局成形

企业是产业发展的重要载体，也是组成产业链的重要环节。从企业数量上看，截至 2019 年 6 月 30 日，浙江省大湾区数字经济相关企业共 298133 家，其中杭州市有 131374 家，占比达 44.1%，呈现"单核引领"特点；宁波市次之，有 44436 家，占 14.9%。统计 2016～2018 年新增数字经济企业的数量发现，新增数量的年度变化具有极强的周期性，每年 2 月为波谷，随即 3 月达到峰值（见图 9－5）。

从行业分布看，信息传输、软件和信息技术服务业，以及批发和零售业、租赁和商务服务业是大湾区内数字经济三大主要行业，企业数量占数字经济企业总量的 86%。其中，信息传输、软件和信息技术服务业的企业 138384 家，占比达 46.4%。分析 2018 年新增数字经济企业的行业分布情况发现，制造业超过信息传输、软件和信息技术服务业，同批发和零售业、租赁和商务服务业位列前三，一定程度上反映了大湾区传统制造业数字化转型成效显著。

从企业规模来看，浙江省大湾区内各城市以小微企业为主导，新增数字

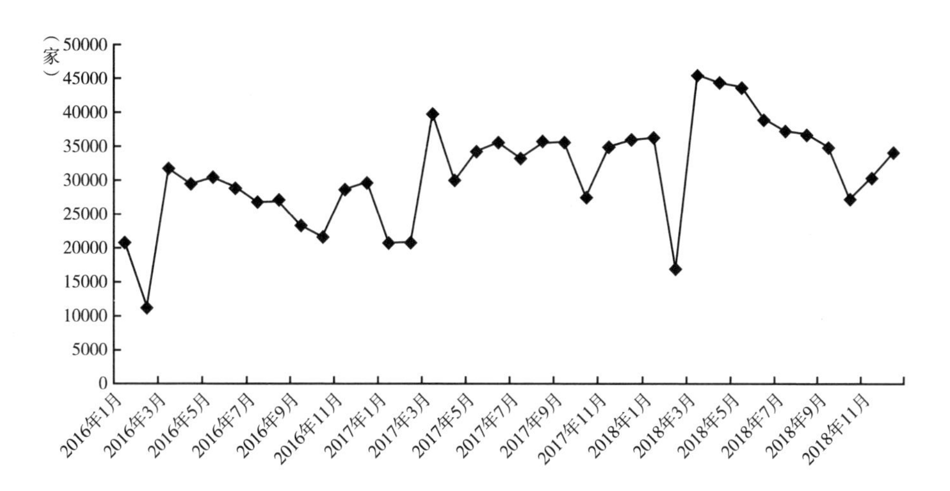

图 9－5　浙江省大湾区新增数字经济企业数量变化趋势

经济企业一半以上为中大型企业（注册资本大于 100 万元）的城市仅舟山一市（见图 9－6）。

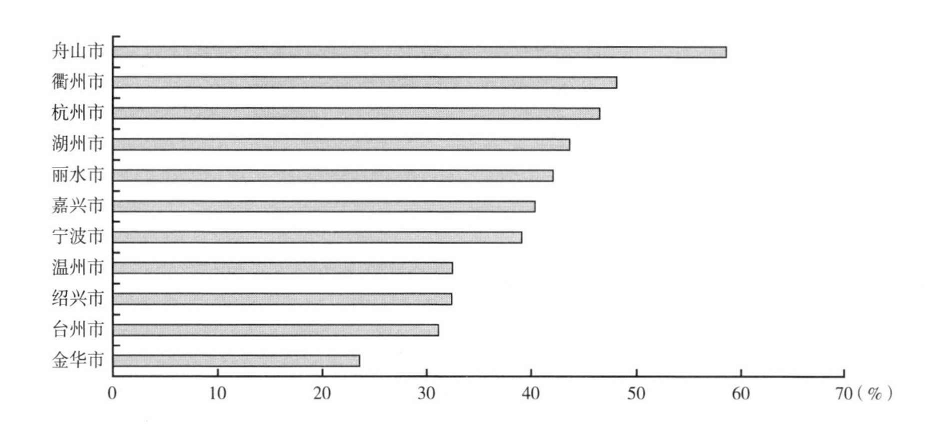

图 9－6　浙江省大湾区内各城市新增企业注册资本大于 100 万元的占比情况

二　创新链：技术创新网络较为松散

技术是产业发展的基石，也是组成创新链的关键节点。浙江是产业大省、创新大省。《中国区域创新能力评价报告2018》显示，目前浙江科技创新综合实力稳居全国“第一方阵”，区域创新能力居全国第五位，企业技术创新能力居全国第三位，知识产权和专利综合实力均居全国第四位。分析浙江省大湾区和粤港澳大湾区自2016年以来的数字经济相关专利、论文，通过聚类等绘制创新网络图①，结果显示：浙江省大湾区创新网络的平均路径长度②（8.97），相较于粤港澳大湾区（6.52）而言，创新网络较为松散，各领域创新成果之间的关联性相对较弱，不利于完整产业链和产业生态的构建；浙江省大湾区的技术创新主要集中在电子信息技术和制造业两大领域，具体包括网络传输、图像处理、发光二极管、自动化设备、控制电路、汽车工艺和烹饪器具七个主题（见图9－7）。

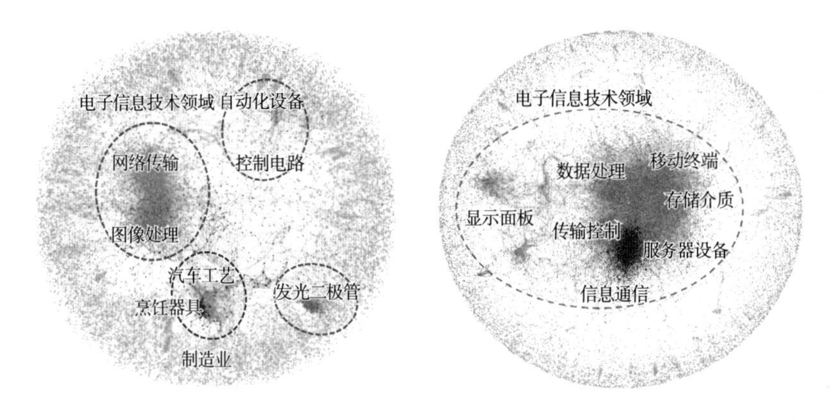

图9－7　浙江省大湾区和粤港澳大湾区数字经济领域创新网络

三　人才链：对高层次人才需求不强

人才是产业发展的能动要素，是构建创新链、引领产业发展的关键因

① 创新网络图由点和边组成，一个点代表一个专利或论文，两个点之间强相关则构建一条边，经过聚类处理，相近领域的专利和论文在空间上距离更近，形成一个簇团。

② 平均路径长度是创新网络图中任意两点最短关联路径的平均值，越短代表创新网络截越稠密，产业链创新体系越成熟。

素。从需求总量看，自2016年大湾区内数字经济相关岗位（包括但不限于云计算、大数据、物联网、人工智能、智能制造等）的招聘数量波动较大，2017年和2018年更替之际达到峰值，但整体仍呈上升趋势（见图9-8）。

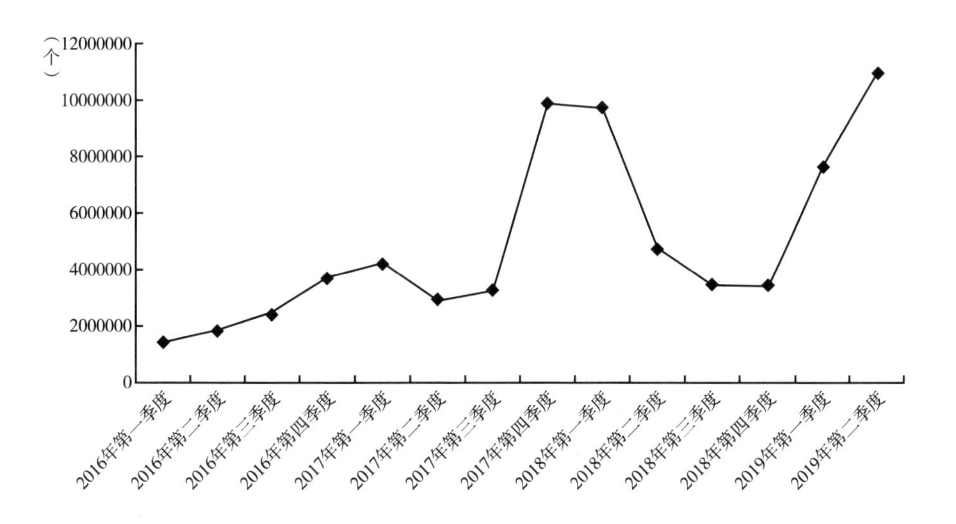

图9-8　2016年以来大湾区数字经济相关岗位招聘数量变化趋势

从人才需求结构看，分析浙江省大湾区2016~2018年互联网招聘数字经济相关岗位学历要求情况，并与北京、上海、深圳进行横向对比，结果显示如下。①浙江省大湾区内数字经济相关岗位对大专学历的需求占比52%以上，超过一半（见图9-9）。②2018年北京数字经济相关岗位招聘中，要求本科及以上的接近44%；上海次之，大约为37%，深圳为31%（见图9-10）；浙江省大湾区对学历层次的要求相对较低，要求本科及以上的岗位仅占27%。③分年份来看，近3年浙江的招聘学历要求中，本科及以上要求的岗位占比持续上升，但与北京、上海、深圳相比还存在一定差距，尤其是2018年北京本科及以上要求的岗位占比超出浙江17个百分点以上。

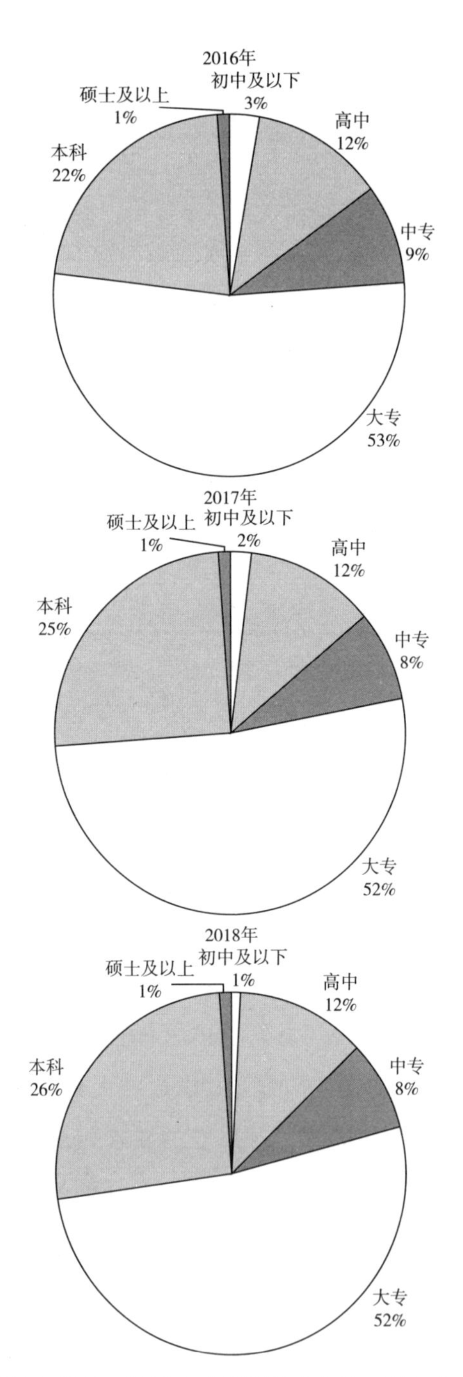

图 9-9　浙江省 2016~2018 年大湾区数字经济相关岗位招聘学历要求

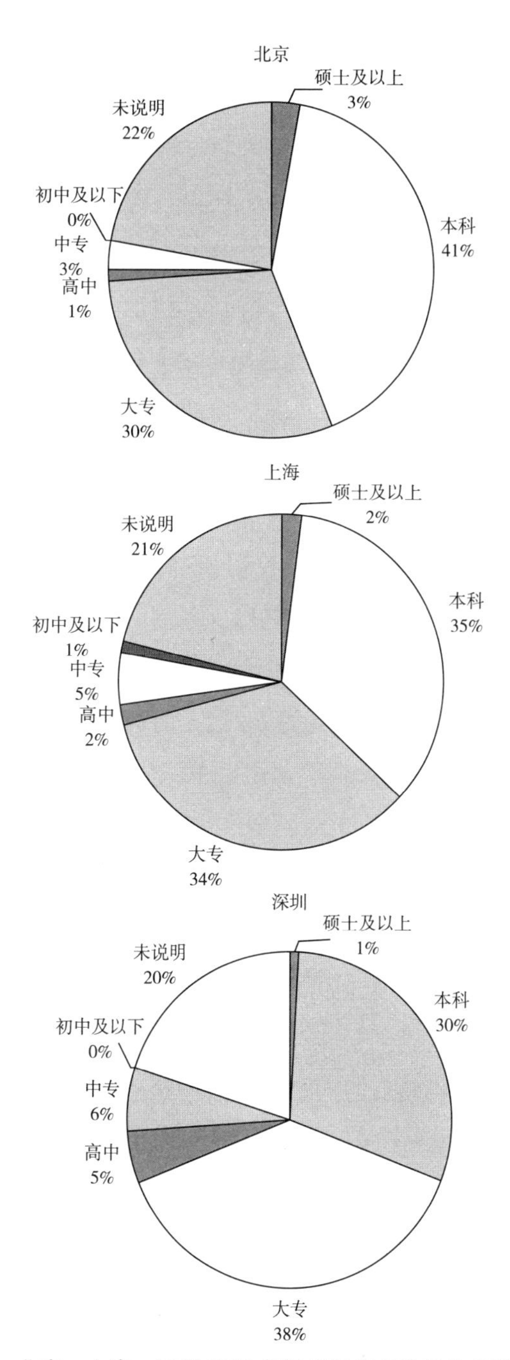

图 9－10　北京、上海、深圳 2018 年数字经济相关岗位招聘学历要求

四 投资链：内部投资活跃程度较高

资金投入是产业发展的助推剂，也是突破技术壁垒、吸引人才的重要因素。基于大湾区相关投融资数据，分析近一年浙江省大湾区数字经济主要产业领域内、外部投资情况，并与粤港澳大湾区进行对比。从大湾区内部各地市之间的投资行为来看，杭州和宁波两市之间的投资极为活跃，形成了“双轮驱动”的局面，杭州市与其他各地市之间的联系最为密切。

从外部企业对大湾区内数字经济企业的投资行为来看，北京和广东最高，均超百亿元，与这两个省份投资总额高有一定关系；其后是上海和江苏，地域临近性带来了得天独厚的投资优势；湖北和江西投入资金均超过10亿元。粤港澳大湾区吸引的外部投资超过10亿元的仅有北京、上海两省，相较之下，浙江省大湾区优势明显。

从大湾区内数字经济企业对外部企业的投资行为来看，浙江省大湾区的数字经济企业对上海尤为偏爱，超过20亿元的资本投入上海；其后是辽宁、四川、江西、广东四省，投入资本均超过10亿元。而粤港澳大湾区的企业对外投资极为活跃，对北京、上海、浙江、江苏、辽宁、四川、重庆、江西八省的投资均达20亿元以上。

第四节 政策建议

数字经济快速发展是浙江近年来经济转型升级的最大动力，特别是随着浙江省大湾区建设的启动，城市群的协同联动带动了湾区内外数据、技术、人才、资金等资源的流动，在计算力、产业数字化、吸引外资等方面表现优异，比肩世界一流湾区，但也存在数据基础设施建设仍待加强、技术创新领域关联性较弱、高学历人才需求不旺盛、企业规模普遍较小的短板。为实现“全球高端要素集聚高地”“产业科技创新高地”的大湾区建设发展目标，打造国家数字经济示范区，提出以下建议。

一　构建互联互通的新一代数据和信息基础设施

制定和完善数据共享、开放、流通与交易制度，激活“数据要素”流通通道，推进政务信息系统整合，全力推进政务数据和社会数据平台对接，推动政府数据向社会开放，促进行业数据共享与流通，形成大数据交易流通机制和规范程序，逐步夯实产业数字化转型数据基础；开展5G试验网建设和商用，加快下一代互联网（IPv6）规模部署和应用，尽快推进中国联通浙江德清数据中心、杭钢云计算数据中心等“数字湾区”工程建设；加快企业上云步伐，积极推进实施工业和信息化部印发的《推动企业上云实施指南（2018－2020）》，科学部署，按需使用云服务，鼓励企业加快向云计算转型。

二　构建数字经济领域政、产、学、研、金、用协同创新生态体系

以杭州城西科创大走廊、宁波甬江科创大走廊、嘉兴G60科创大走廊为示范基地，鼓励高校、科研院所和重点企业共建面向数字经济领域的协同创新联合体，加大对大数据、云计算、物联网、人工智能等核心底层技术的研发投入，推进超重力离心模拟与实验大科学装置等一批开放式的重大科技基础设施建设，强化对中芯绍兴MEMS和功率器件芯片制造及封装测试生产基地项目、民用航空发动机研发及产业化项目、里阳功率半导体芯片及分立器件制造项目等平台级、原创性重大技术创新平台的支持，在智能制造、人工智能、新能源汽车等重点领域形成一批核心自主知识产权，强化产业链的培育。

三　构建多层次、高水平、有活力、面向产业的人才孵化体系

鼓励高校、科研院所和社会优势企业协同育人，充分依托阿里、新浪等龙头企业和浙江大学、之江实验室等科研资源，通过联合建设数字经济人才实习实训基地、设立企业导师制、在企业推进首席信息官制度等多种方式，以全球视野创建国际一流的数据学科体系和培训体系；为数字经济

领域科研人才创造公平、公正、有利于科技创新的工作环境，给予政策倾斜；从根本上解决子女入学、保障性住房、落户等痛点问题，吸引天下英才纷至沓来。

四 构建政府、市场与社会协同发力的现代金融支撑体系

中小企业对数字化转型升级有迫切需求，但也面临更大的试错成本和风险，需要政府给予适度干预和资金扶持。大力发展数字金融，落实并完善适应数字经济产业发展的金融政策，发挥股权投资机构、交易市场作用，鼓励银行、保险等金融机构进行业务创新，激发市场拉动效应；构建数字经济产业扶持引导资金、知识产权基金、产业创投基金和股权投资基金相结合的全产业链科技金融支撑体系，引导社会资本参与数字经济建设。

第十章
产业园区空间规划研究：以重庆某产业园为例

近年来，党中央、国务院高度重视数字经济发展，各地区纷纷积极行动，抢抓跨越发展新机遇。本章主要以重庆某产业园空间规划为例，介绍如何运用时空数据模型助力数字经济的发展。通过大数据分析发现，总体来看，全国新增数字经济企业已形成涵盖成渝地区的五大集聚区；渝川黔三地数字经济发展齐头并进，已初步形成一定的区位互补效应；全国数字经济技术创新格局已初步形成，但数字经济领域人才供需仍不均衡。分析发现，2017 年重庆数字中国发展指数得分为 70.92，整体发展势头良好，集成电路、软件和信息服务两大主导产业日益突出，但缺乏数字经济领域高端综合人才，数字经济龙头企业的集聚程度仍偏低，部分传统领域数字化转型程度仍有提升空间。结合大数据分析结果本章提出一些政策建议。

本章基础数据包括：①2017 年 1 月 1 日至 2018 年 4 月 30 日国内主要新闻媒体、论坛、微博、博客等渠道中与数字经济话题直接相关的数据约 3030.96 万条；②2015 年 1 月至 2017 年 12 月全国数字经济相关企业注册及股东信息数据 465.4 万条；③2017 年与数字经济直接相关的全国发明专利数据 3.1 万条；④2017 年重庆市重点科技领域发明专利数据 3.4 万条；⑤2017 年与数字经济直接相关的招聘岗位数 9641.8 万个；⑥引用国家信息中心数字中国研究院发布的“数字中国发展指数（2018）”部分数据结论。

近年来，以习近平同志为核心的党中央高度重视数字经济发展，加强顶层设计、总体布局，做出“实施国家大数据战略，加快建设数字中国”的战略部署，数字经济已然成为撬动中国经济发展的新杠杆。4月20日，习近平总书记在全国网络安全和信息化工作会议上指出，“要发展数字经济，加快推动数字产业化，依靠信息技术创新驱动，不断催生新产业新业态新模式，用新动能推动新发展”。各级政府纷纷积极响应，抢抓跨越发展新机遇，将数字经济发展作为推动经济社会进步的新动力、新引擎。

第一节 我国数字经济总体发展态势分析

一 全国新增数字经济企业形成五大集聚区

从2015年以来我国新增数字经济类企业的注册地点来看，我国数字经济类企业已形成五大集聚区域，分别是京津地区（北京、天津）、长三角地区（上海、杭州、苏州、南京、宁波等）、珠三角地区（广州、深圳、佛山、东莞、惠州等）、成渝地区（成都、重庆）、两湖地区（武汉、长沙）。

其中，京津地区依托北京，尤其是中关村在信息产业的领先优势，培育了一大批数字经济前沿科技企业，并扩散形成京津数字经济走廊格局。长三角地区加速推进物联网和电商等领域产业和生态的繁荣发展，是目前我国数字经济企业最多的地区。珠三角地区依托广州、深圳等地区的基础电子信息产业优势，发挥广州和深圳两个国家超级计算中心的集聚作用，逐渐形成了数字经济企业集聚发展的态势。两湖地区加快突破智能制造发展瓶颈，推动传统制造业实现智能化改造升级。在成渝地区，成都提出构建“数字娱乐”等七大新经济产业核心区和若干产业功能区，正在重塑数字经济新格局；重庆市凭借集成电路、智能网联汽车等六大核心产业发展优势，近三年新增数字经济类注册企业超过9.4万家，在全国排在第7位，仅次于上海、深圳、北京、广州、成都、杭州六个城市，已取得显著成效。

二 渝川黔三地数字经济发展齐头并进

《数字中国发展指数（2018）》[①] 结果显示，近三年来渝川黔三地已呈现区域协同和均衡发展的态势，三省数字中国发展指数排名均基本稳定在全国中上游水平。从一级指标来看，2017 年渝川黔的基础能力、核心发展及保障水平得分均与全国平均水平基本持平。此外，三省已初步形成一定的区位互补效应，如图 10－1 所示，贵州省在基础能力方面有亮眼表现，四川省在核心发展方面领跑三省，重庆市则在保障水平方面表现突出。

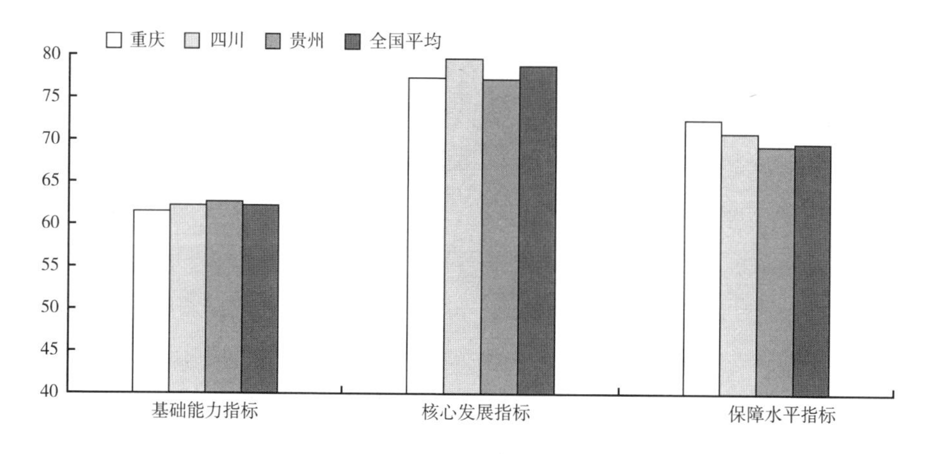

图 10－1 川黔渝三地数字中国发展指数得分

三 数字经济技术创新格局初步形成

基于 2017 年全国数字经济领域技术发明专利，运用自然语言处理和复杂网络分析技术，构建了我国数字经济技术创新图谱（见图 10－2）。分析

---

① 国家信息中心数字中国研究院基于大数据技术全景式展现分析数字中国发展总体态势，于 2018 年 4 月 20 日正式发布《数字中国发展指数（2018）》，3 个一级指标、12 个二级指标和 37 个三级指标形成了一套紧扣国家政策战略导向、兼具科学性与可操作性、较为全面客观描绘数字中国建设情况的评价体系。

发现，数字经济领域技术创新初步形成了机器人、智能家居、数据存储、控制系统、移动终端、物联网等创新集群（见图10－2），初步形成以生产生活数字化为内核，大数据技术为依托，人工智能（AI）、集成电路（IC）和物联网（IOT）等“3I”技术为主攻方向的基础研究围绕产业落地的数字经济技术创新格局。

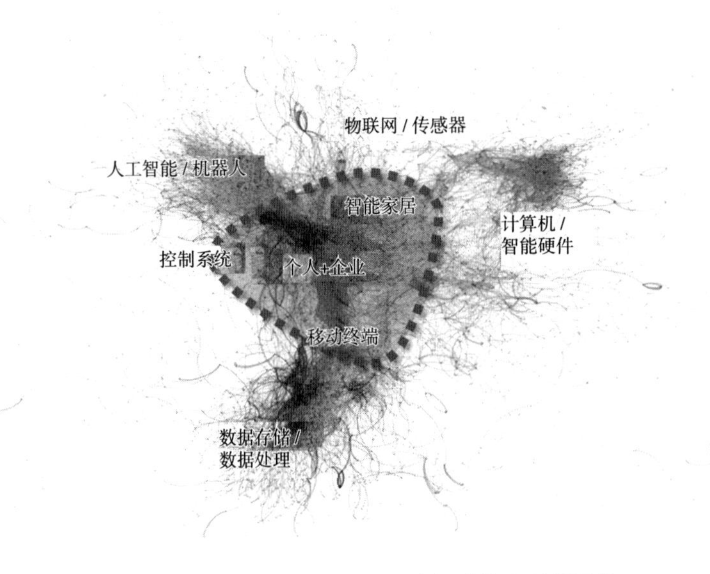

图10－2 2017年我国数字经济领域技术创新图谱

四 数字经济领域人才供需不均衡

数字经济领域人才需求状况（主要基于网络招聘数据）和《数字中国发展指数（2018）》的二级指标“人才保障能力”（主要基于学术期刊作者库和高校相关专业设置）两方面对比分析发现，我国数字经济领域人才存在供需不均衡问题，人才需求端主要集中在东部沿海地区，而部分中西部地区则成为数字经济人才供给“富矿区”，全国呈现数字经济人才向东南集聚的现象。分析发现，2017年重庆市共发布了189.9万个数字经济类招聘岗位，在全国排名第17位，人才保障水平指标在全国排名第16位。虽然人才供需基本保持均衡，但人才供需活力仍处于全国中下水平。

第二节 重庆数字经济发展势头欣欣向荣，但仍存提升空间

一 重庆数字经济整体发展势头良好，稳中有进

重庆是西部大开发的重要战略支点，处在“一带一路”和长江经济带的联结点上，在国家区域发展和对外开放格局中具有独特而重要的作用，正着力构建数字经济新格局。《数字中国发展指数（2018）》结果显示，2017年重庆数字中国总体指数为70.92，较2016年上涨0.71%，较2015年上涨3.34%，呈现稳中有进的良好发展势头。从图10－3中的12项二级指标来看，重庆市大部分指标均处于全国平均水平，其中机制保障水平表现优异，高出全国平均水平20.6个百分点。

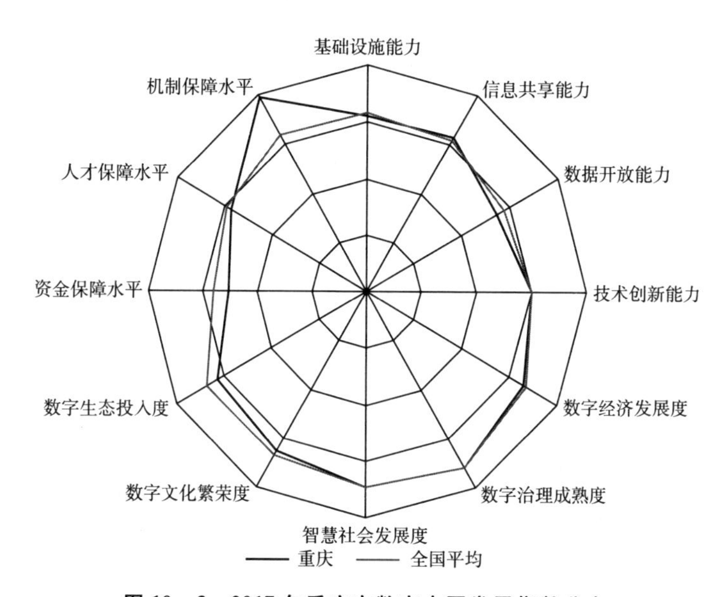

图10－3 2017年重庆市数字中国发展指数分布

二 重庆市数字经济企业发展初具规模

新常态下，数字技术的创新源泉充分融入实体经济，推动数字经济与实体经济的深度融合，现阶段我国在这方面已取得了初步进展。通过对重庆市数字经济相关企业工商登记注册情况进行分析，结果显示，重庆市数字经济企业发展已形成一定规模，呈现以主城区为主、向周边辐射的特点。

在重庆市28个区县中，数字经济相关企业超过10000家的有5个，分别是渝北区、九龙坡区、南岸区、江北区和渝中区，位列第一梯队；数字经济相关企业在5000～10000家的有1个，为沙坪坝区，位列第二梯队；数字经济相关企业在2000～5000家的有9个，分别是巴南区、万州区、黔江区、永川区、大渡口区、北碚区、江津区、涪陵区和合川区，位列第三梯队。

从细分领域来看，重庆市各区县数字经济相关产业发展各有侧重。其中，人工智能领域企业最多的5个区为九龙坡区、渝北区、南岸区、江北区和沙坪坝区；电子商务领域企业最多的5个区为巴南区、渝北区、万州区、九龙坡区和南岸区；物联网领域企业最多的5个区为渝北区、南岸区、九龙坡区、江北区和沙坪坝区；大数据领域数字经济企业最多的5个区为渝北区、九龙坡区、江北区、南岸区和沙坪坝区。

三 两大主导产业日益突出

通过对国内主要新闻媒体、论坛、微博、博客等渠道中与数字经济话题直接相关的互联网数据的分析发现，互联网关注度①最高的五大数字经济行业分别为：软件和信息服务（98.95）、集成电路（83.48）、区块链（82.61）、5G（81.90）和智能网联汽车（81.76），如图10－4所示。

针对五大热门行业，通过分析重庆市互联网招聘岗位的行业分布情况发

---

① 互联网关注度是指基于互联网上对相关话题的公开报道和网民讨论的提及量，综合计算形成的评价指标。关注度数值处于0～100，数值越高表明越受关注。

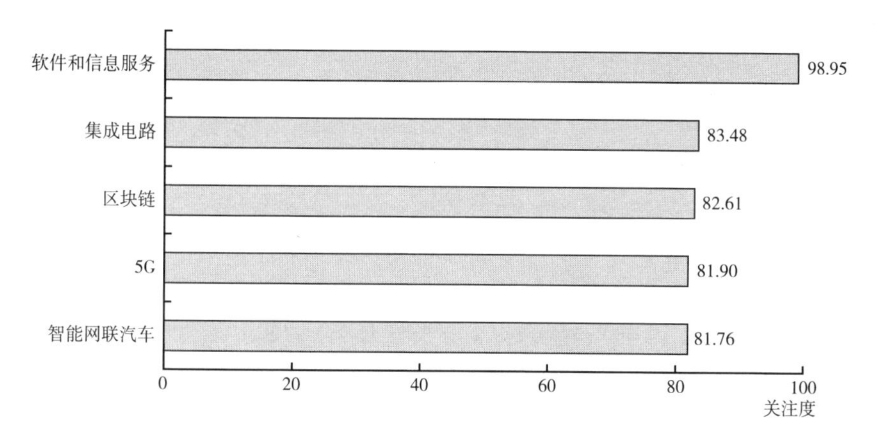

图 10-4 数字经济领域互联网关注度最高的五大行业

现：软件和信息服务、集成电路两大产业作为数字经济发展的重要基础产业，不仅高居互联网关注度排行榜，而且是重庆市当前岗位需求前两位的行业（见图 10-5），是未来发展的重要支柱产业。

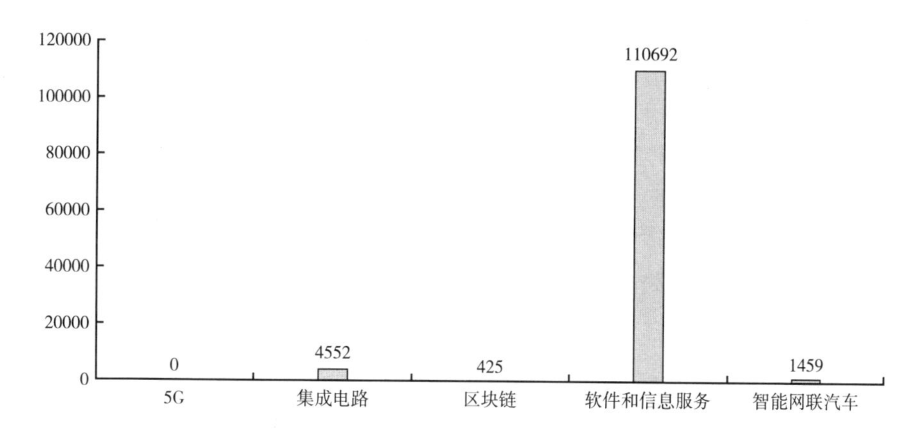

图 10-5 重庆市数字经济行业岗位需求情况

进一步分析数字经济岗位的行业聚集度①，并且对比北京、上海、广州、深圳、成都、贵阳六个城市（见图 10-6）发现：软件和信息服务、集

① 数字经济岗位的行业聚集度是指在一个区域内，某个数字经济行业在互联网上的岗位招聘数量与该区域数字经济企业总量的比值，数值越高表明聚集性越强。

成电路两大行业在重庆市的岗位聚集度最高，与其他城市基本处于齐头并进的发展态势，当下正是抢占资源、人才高地的最佳时机。

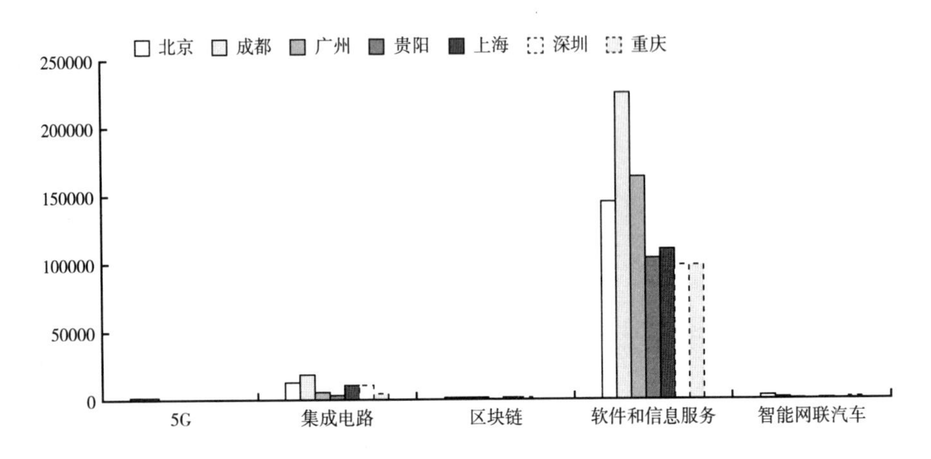

图 10－6　各城市数字经济行业岗位聚集度对比

综上所述，初步选取软件和信息服务、集成电路两大产业，作为数字经济发展的主导产业大力扶持。

四　数字经济龙头企业的集聚程度偏低

通过对企业股东信息数据分析发现（见图 10－7），该产业园区的数字经济龙头企业数量相较其他新区仍然不足，尚未形成有效的产业合作体。其中，该产业园区股东注册资本在 5000 万元及以上的企业占比为 40.2%，相对贵安新区（50.4%）、滨海新区（47.7%）、浦东新区（43.4%）和天府新区（47.4%）还有一定差距。尽管当前区内京东方、康宁、猪八戒等少数企业已经处于行业领先地位，但场景覆盖率和行业影响力也远不及 BAT 等知名数字经济企业。同时，跨国公司、大型央企和知名民营企业在该产业园区的数字经济产业战略布局项目落地偏少，与发达地区相比仍然存在较大差距。

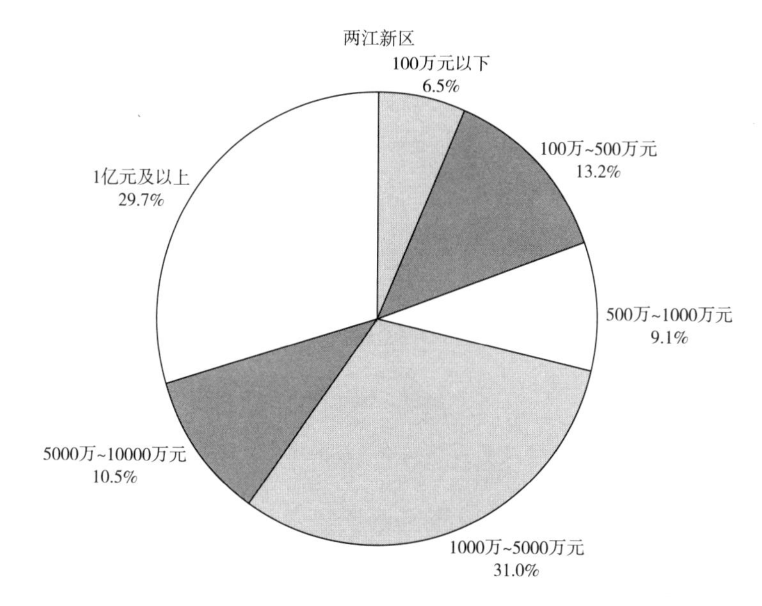
两江新区
100万元以下
6.5%
100万~500万元
13.2%
500万~1000万元
9.1%
1000万~5000万元
31.0%
5000万~10000万元
10.5%
1亿元及以上
29.7%

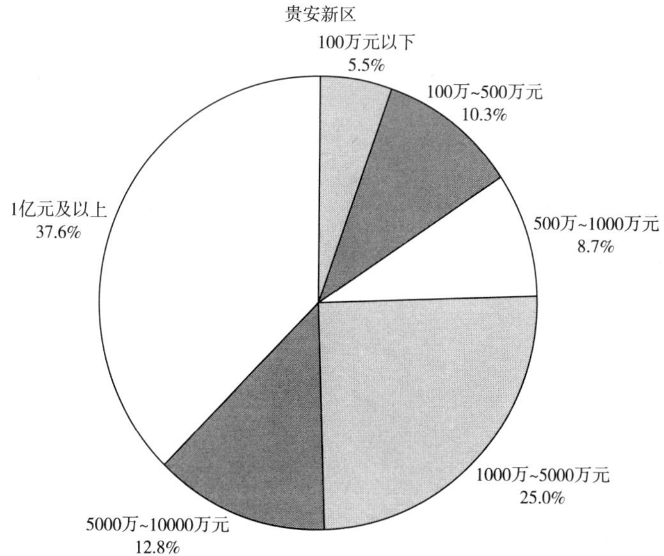
贵安新区
100万元以下
5.5%
100万~500万元
10.3%
500万~1000万元
8.7%
1000万~5000万元
25.0%
5000万~10000万元
12.8%
1亿元及以上
37.6%

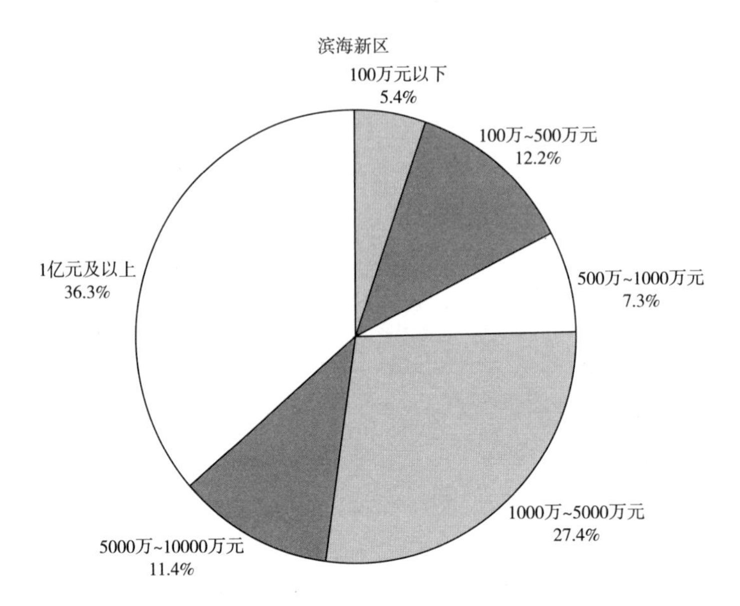
滨海新区
100万元以下
5.4%
100万~500万元
12.2%
500万~1000万元
7.3%
1000万~5000万元
27.4%
5000万~10000万元
11.4%
1亿元及以上
36.3%

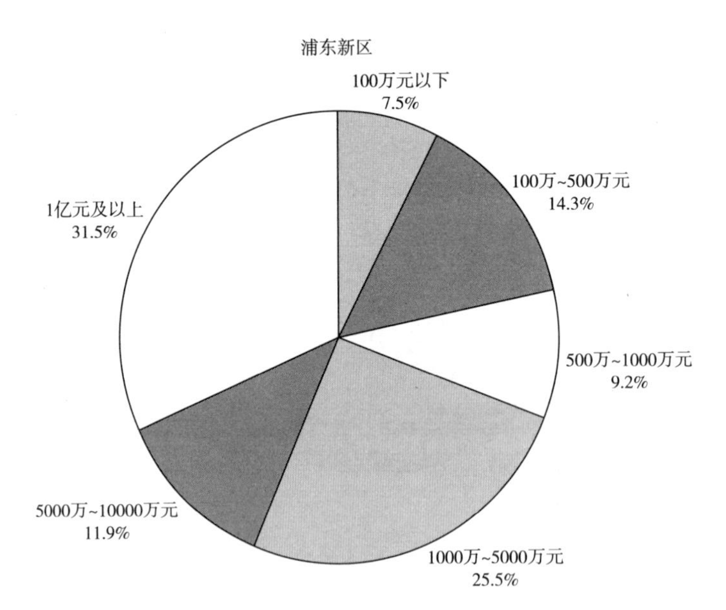
浦东新区
100万元以下
7.5%
100万~500万元
14.3%
500万~1000万元
9.2%
1000万~5000万元
25.5%
5000万~10000万元
11.9%
1亿元及以上
31.5%

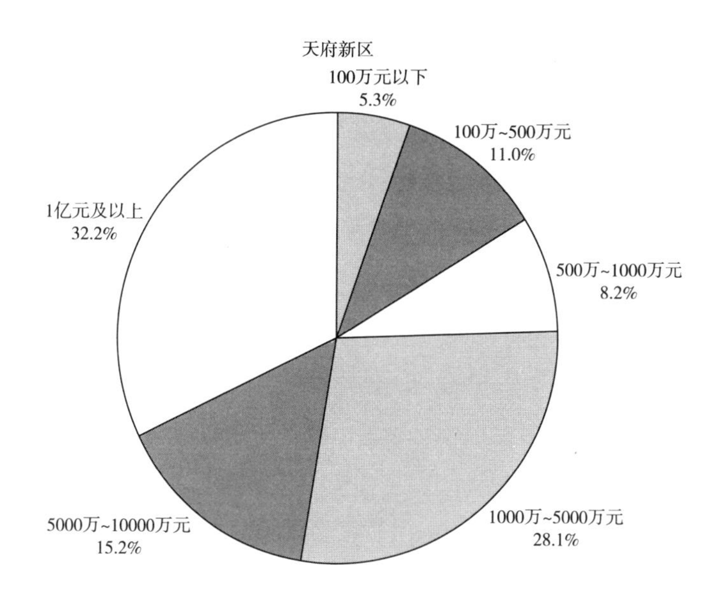

图 10－7　我国主要新区企业股东注册资本分布

五　部分传统领域数字化转型相对滞后

基于 2017 年重庆市发明专利数据，运用自然语言处理和复杂网络分析技术，构建了重庆市重点领域科技创新图谱（见图 10－8）。分析发现，重庆市主要科技创新领域涵盖车辆工程、自动化制造、机械电子、数字技术、材料加工、化学工艺、基因工程和药品制造等方面。

然而，通过对重庆市重点领域与数字技术融合情况的大数据分析发现（见表 10－1），虽然重庆市具备良好的工业基础，汽车、机械、化工等传统工业发展历史悠久，实力雄厚，但传统产业与新兴数字技术的结合还有一定不足。数字技术与传统产业的平均最短路径指数在 3.79～4.95（平均最短路径指数越小代表数字产业化融合度越高），其中，机械电子、材料加工和化学工艺的数字化融合程度相对较高，与数字技术发展结合较为紧密。但自动化制造、车辆工程，尤其是基因工程，数字化程度相对不足，具备一定的发展潜力。

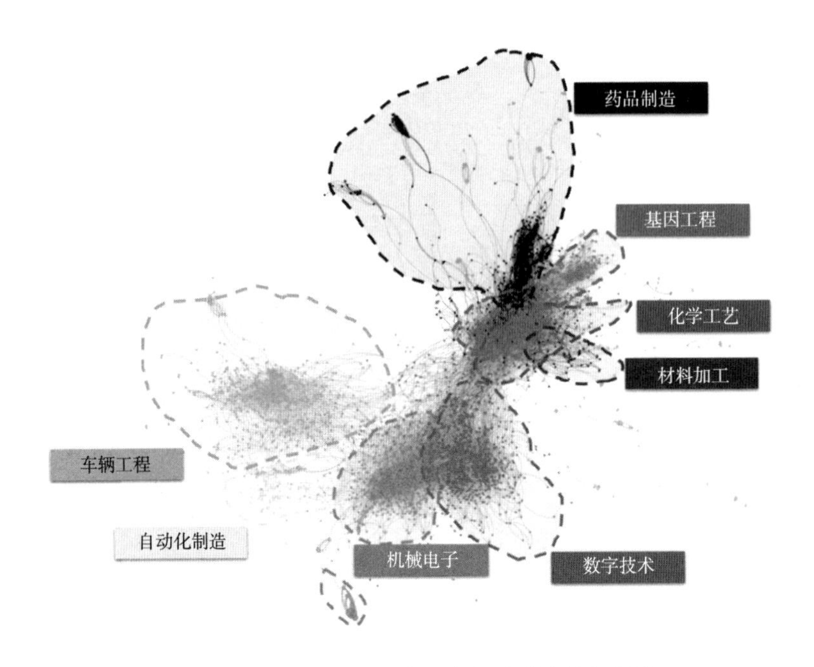

图 10－8　2017 年重庆市重点领域科技创新图谱

表 10－1　重庆市数字技术领域与重点领域创新融合度

创新领域	平均最短路径指数	创新领域	平均最短路径指数
数字技术＋机械电子	3.79	数字技术＋自动化制造	4.78
数字技术＋材料加工	4.13	数字技术＋车辆工程	4.83
数字技术＋化学工艺	4.15	数字技术＋基因工程	4.95
数字技术＋药品制造	4.47	—	—

六　缺乏数字经济领域高端复合型人才

数字经济领域人才是开创数字经济产业、创造数字经济财富的核心力量。但当前重庆数字人才总体数量较少、质量偏低，尤其是专业技术人才缺口较大。以该产业园区为例，电子技术、通信、计算机、电子商务、大数据等方面人才仍比较紧缺，人才供给相对不足。基于互联网招聘数据分析发现（见图 10－9），该产业园区的数字经济类岗位中，招聘要求为本科及以上的岗位仅占全部岗位的 27.4%，远低于滨海新区（37.3%）、浦东新区

（42%）、天府新区（35.3%）和贵安新区（33.5%）。同时，重庆本地的互联网企业平均薪酬也低于北京、上海、浙江，对数字经济领域人才吸引力不足。应当加强人才引进政策顶层设计，健全大数据人才培养体系，提高数字经济人才的培养能力和储备能力。

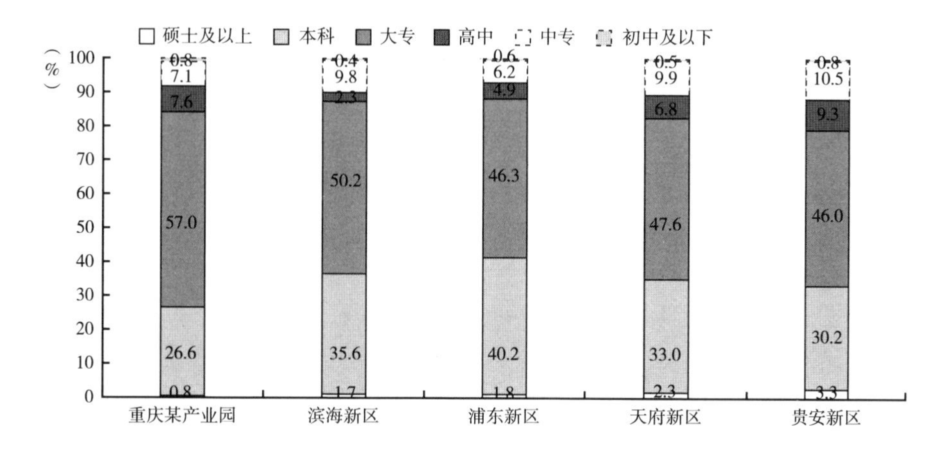

图 10－9　2017 年我国主要新区互联网招聘数字经济类岗位学历分布

第三节　政策建议

一　培育“人才链”：柔性引进高端人才，积极优化人才结构

针对该产业园区当前数字经济高端人才和复合型人才结构性短缺、人才培养力量较弱及水平较低、人才供需不均衡等问题，建议大力推进新区引智引才平台与政策的创新和实施，快速占领“数字经济人才高地”。

一是建设高端引智引才平台，实施高端领军人才引进计划，用好科技人才专项资金，重点引进海外顶尖科学家、重点学科带头人、创新创业领军人、数字经济技术人才；实施技能（术）专才引扶计划，引导企业打造一批国家级、市级技能大师工作室和技师工作室，培育一批高水平创新型企业家和创业导师；加快建设数字经济智库，聘用专家参与数字经济领域重大决策咨询、重点项目论证和课题研究；引进外脑进入企业决策层，尝试在区属企业董事会、监事会引入外部董事、监事，在专业委员会引入外部委员，在高管层设置外部顾问职位，提高决策水平。二是加强人才引进政策顶层设计，加大技术技能人才培养力度，依托重庆大学等科研院所和区内重点企业，开展电子技术、通信、计算机、电子商务、大数据等专业技术培训；加大人才保障政策的创新与普惠力度，通过招聘补贴、人才公寓、创业补贴等方式，吸引硕士、博士毕业生进入园区工作。

二 整合“产业链”：推进龙头企业落地，打造产业集聚区

目前，新区内行业性龙头企业数量不足、集聚程度偏低，尚未形成有效的产业合作体系，很难带动本地数字企业协同发展，建议引进和培育主导产业主体，强化区域联动、国际合作，打造数字经济产业链。

一是多层次、梯队化的推进企业落地，引进一批行业领军龙头企业，瞄准集成电路、智能终端、新一代通信技术、软件及服务外包、科技金融、专业服务业等领域，引进东软、软通、楷登、高通、联发科等具行业影响力的领军企业；引进和培育一批“独角兽”企业，采取差异化“靶向”扶持措施，加速推动猪八戒、马上消费、微标、西山科技等专业领域高成长性企业做大做强；扶持和培育一批“瞪羚”企业“牛羚”企业，建立潜力企业培养计划清单，加强对核心知识产权和自主品牌建设扶持；支持和扶持一批“专、精、特、新”的中小企业，培育一批专业化、创新能力突出、发展潜力大的细分领域优势企业。二是加强区域合作，加强与江苏、福建、山东等沿海地区和云南、贵州、四川等周边区域的合作与联系，建立周边辐射的关系链，推进产业与区域之间互融互促、协调发展；推进跨国公司、大型央企和知名民营企业的数字经济产业战略布局项目在该产业园区落地，特别针对接续替代产业、培育高科技新型产业开展招商引资和项目谋划；提高对招商引资做出贡献的企业、个人奖励标准，激发全民招商热情，营造良好的招商引商环境。

三　联接“创新链”：健全知识产权保护机制，促进数字化转型

与国内发达地区相比，该产业园区的数字基础创新能力尚有较大提升空间，具体表现为数字化创新能力不足、部分传统工业领域数字化转型相对滞后等，建议在做好知识产权保护工作基础上，促进国内外科技成果孵化，推动特色产业数字化。

一是健全知识产权保护机制，鼓励该产业园区数字经济各产业组建联盟，依托产业集群，加强障碍性专利、互补性专利和竞争性专利的申请与保护工作，构建相关专利池，依法严处侵犯知识产权行为；培育具备专利和标准化知识的研发人才、管理人才和战略咨询人才，为企业构建专利池、制定专利战略提供必要的信息和政策支持；积极为企业和产业联盟提供国际标准和专利池的组建信息及咨询服务，为自动化制造、车辆工程、基因工程等传统领域的数字化专利研发与申请开辟“绿色通道”。二是建设国际创新孵化平台，前瞻性地布局全球科技孵化、科技金融、服务配套等多个创新平台，提供检验检测、金融支持、政策咨询、专利服务等多种服务，促进全球科技成果在该产业园区内迅速转化。三是推动特色产业数字化，落实《中国制造2025》，促进物联网、云计算、大数据等技术在软件设计及服务外包、新型金融、跨境电子商务及结算、生物医药及医疗器械、机器人及智能装备、汽车、装备制造、通用航空、新材料、节能环保等生产性服务业和特色产业流程制造中的融合创新应用。

四　激活“资金链”：加大财政资金投入，加强专项资金统筹

《数字中国发展指数（2018）》结果显示，资金保障水平是整个重庆市数字经济建设的最大短板，建议从财政优惠倾斜、企业投融资体系创新和机制保障三个方面全力追赶。

一是加大财政资金支持力度，加大现有战略性新兴产业股权投资基金、创业种子投资基金等政府类投资基金对数字经济相关项目的倾斜支持力度；设立大数据和数字化发展专项，对大数据、人工智能等重点产业企业按照规

模、估值和融资规模分档给予租金补助、宽带补贴及云服务器补贴，降低企业生产成本；设立数字经济产业基金，通过产业并购基金、知识产权基金和协同创新基金等方式，促使资金向具有竞争优势的实体经济企业汇聚。二是创新投融资渠道与机制，搭建“债权+股权”融资平台，积极引导社会资本对创新成果在种子期、初创期的投入，撬动更多社会资本参与为中小科技型企业提供融资支持，激发其创业创新活力；通过政府引导激励社会资金建立中小微企业信用担保机构，全力开展中小微企业“助保贷”试点，建立担保机构的资本金补充和多层次风险分担机制，弥补中小微企业担保抵押物不足的问题；利用天使投资、风险投资、创业投资基金及资本市场融资等多种渠道，引导社会资本支持数字化发展。三是加强各类专项资金统筹，建立财政科技投入稳定增长机制，用好各类专项资金，推动研发平台、双创载体、高端人才等各类科技资源的有效集聚，支持产业园区建设。

参考文献

中文类

1. 安为伟，2007，《面向城市规划成果的空间关系描述模型及算法研究》，硕士学位论文，南京师范大学。
2. 白晓东、黄为民，2001，《面向对象空间数据组织方法与应用研究》，《计算机工程》第21（12）期。
3. 贲进，2006，《全球多分辨率数据模型的构建与快速显示》，《测绘科学》第1期。
4. 贲进、童晓冲、张永生、张衡，2006，《球面离散网格在椭球面上的扩展及变形分析》，《测绘科学》第31（4）期。
5. 贲进、童晓冲、张衡、江刚武，2006，《基于六边形网格的球面Voronoi图生成算法》，《测绘科学技术学报》第23（5）期。
6. 曹敏，2019，《江西省人口老龄化的时空演化特征研究》，硕士学位论文，江西财经大学。
7. 陈安平，2006，《西安市智能交通管理指挥系统关键技术研究》，硕士学位论文，西北工业大学。
8. 陈翀、谢晓军、陈康，2013，《大数据关键技术及其在运营商中的应用研究综述》，《广东通信技术》第8期。
9. 陈静、龚健雅、向隆刚，2011，《全球多尺度空间数据模型研究》，《地理信息世界》第4期。
10. 陈军，1993，《对城市GIS若干基本问题的研究》，《武汉测绘科技大学测绘遥感信息工程国家重点实验室1992~1993年报》，第139~143页。

11. 陈军、侯妙乐、赵学胜，2007，《球面四元三角网的基本拓扑关系描述和计算》，《测绘学报》第36（2）期。

12. 陈润强，2012，《基于GeoSOT剖分框架的气象信息区位编码模型研究》，硕士学位论文，北京大学。

13. 程承旗、郭辉，2007，《全球地理信息系统（G2IS）架构体系初探》，《地理信息世界》第5（6）期。

14. 程承旗、郭辉，2009，《基于剖分数据模型的影像信息表达研究》，《测绘通报》第10期。

15. 程承旗、张恩东、万元嵬等，2010，《遥感影像剖分金字塔研究》，《地理与地理信息科学》第26（1）期。

16. 程承旗、关丽，2010，《基于地图分幅拓展的全球剖分模型及其地址编码研究》第39（3）期。

17. 程承旗、任伏虎、濮国梁等，2012，《空间信息剖分组织导论》，科学出版社。

18. 程承旗、付晨，2014，《地球空间参考网格及应用前景》，《地理信息世界》第21（3）期。

19. 戴上平、黄革新，1999，《空间数据模型研究》，《武汉冶金科技大学学报》（自然科学版）第22（1）期。

20. 邓敏、赵彬彬、徐震、徐凯，2011，《GIS空间目标间距离表达方法及分析》，《计算机工程与应用》第1期。

21. 狄乾斌、王亮、邱煜焜，2018，《中国沿海省份城市发展水平空间自相关分析》，《资源开发与市场》第5期。

22. 付晨，2014，《建筑物空间区位编码模型研究》，硕士学位论文，北京大学，2014。

23. 方巍、郑玉、徐江，2014，《大数据：概念、技术及应用研究综述》，《南京信息工程大学学报》（自然科学版）第5期。

24. 高俊，2012，《地图学寻迹》，测绘出版社。

25. 高懿洋，2009，《一种一体化的空间数据模型》，《测绘科学技术学报》第3期。
26. 龚健雅，1992，《GIS中矢量栅格一体化数据结构的研究》，《测绘学报》第4期。
27. 龚健雅，2001，《地理信息系统基础》，科学出版社。
28. 龚健雅，2001，《空间数据库管理系统的概念与发展趋势》，《测绘科学》第26（3）期。
29. 龚健雅，2004，《当代地理信息系统进展综述》，《测绘与空间地理信息》第1期。
30. 关丽、程承旗、吕雪锋，2009，《基于球面剖分格网的矢量数据组织模型研究》，《地理与地理信息科学》第25（3）期。
31. 郭利川、郭建星、代晓波，2005，《浅谈地理信息系统中的空间数据模型》，《地理空间信息》第1期。
32. 郭昕阳，2013，《减灾数据剖分网格关联模型研究》，北京大学。
33. 郭薇、詹平、郭菁，1999，《面向地理信息系统的三维空间数据模型》，《江西科学》第2期。
34. 胡祎，2011，《地理信息系统（GIS）发展史及前景展望》，硕士学位论文，中国地质大学。
35. 姜淑颖、徐敬海，2020，《应急避难场所分布与人口及土地利用类型空间关联研究》，《测绘与空间地理信息》第7期。
36. 金安，2013，《地球空间剖分编码代数模型及应用初探》，博士学位论文，北京大学。
37. 李大鹏，2011，《全球地图图幅统一编码研究》，北京大学。
38. 李德仁、朱欣焰、龚键雅，2003，《从数字地图到空间信息网格—空间信息多级网格理论思考》，《武汉大学学报》（信息科学版）第28（6）期。
39. 李德仁，2003，《论21世纪遥感与GIS的发展》，《武汉大学学报》（信息科学版）第2期。
40. 李德仁、邵振峰、朱欣焰，2004，《论空间信息多级网格及其典型应用》，《武汉大学学报》（信息科学版）第29（11）期。
41. 李德仁、肖志峰、朱欣焰，2006，《论空间信息多级网格的划分方法及编码研究》，《测绘学报》第35（1）期。
42. 李德仁、彭明军、邵振峰，《基于空间数据库的城市网格化管理与服务系统的设计与实现》，《武汉大学学报》（信息科学版）第31（6）期。
43. 李德仁、王树良、李德毅，2006，《空间数据挖掘理论与应用》，科学出版社。
44. 李德仁、邵振峰，2006，《论新地理信息时代》，《中国科学（F辑：信息科学）》第6期。
45. 李德仁、邵振峰，2009，《论天地一体化对地观测网与新地理信息时代》，中国测绘学会第九次全国会员代表大会暨学会成立50周年纪念大会论文集，中国北京。
46. 李德仁、龚健雅、邵振峰，2010，《从数字地球到智慧地球》，《武汉大学学报》（信息科学版）第35（2）期。
47. 李国杰，2006，《基于GIS技术的公安综合信息管理系统的研究与实现》，硕士学位论文，山东大学。
48. 李慧、王云鹏、李岩、王兴芳、陶亮，2011，《珠江三角洲土地利用变化空间自相关分析》，《生态环境学报》第12期。
49. 李林，2011，《基于hadoop的海量图片存储模型的分析和设计》，硕士学位论文，杭州电子科技大学。
50. 李彦南，2013，《基于麒麟平台的分布式系统实例分析》，《中国电子商情·通信市场》第2期。
51. 李正国，2012，《混合式球面退化格网模型与空间数据表达》，硕士学位论文，解放军信息工程大学。
52. 李志伟，1995，《地理信息系统及其应用》，《计算机工程与应用》第6期。
53. 鲁秋菊，2008，《面向浅谈〈离散数学〉教学中的创新对策》，《电脑知识与技术》第4（34）期。

54. 刘宇、朱仲英、施颂椒，2000，《空间数据库的数据模型和查询语言》，《微型电脑应用》第16（4）期。
55. 吕雪锋，2012，《基于GeoSOT剖分编码的空间信息区位标识研究》，博士学位论文，北京大学。
56. 孟庆武、王文福、孟露、伊海波，2011，《基于Morton码的一种动态二维游程压缩编码方法》，《测绘科学》第3期。
57. 宁津生，2008，《测绘学概论（第二版）》，《测绘学概论（第二版）》，武汉大学出版社。
58. 潘俊辉、相生昌，2012，《GIS空间数据与属性数据的文件组织结构研究》，《重庆科技学院学报》（自然科学版）第14（1）期。
59. 潘瑾琨，2012，《面向互联网位置服务的空间关键字查询技术研究与实现》，国防科学技术大学。
60. 秦其明、袁胜元，2001，《中国地理信息系统发展回顾》，《测绘通报》第S1期。
61. 秦萧、甄峰、熊丽芳、朱寿佳，2013，《大数据时代城市时空间行为研究方法》，《地理科学进展》第9期。
62. 秦萧、甄峰、朱寿佳、席广亮，2014，《基于网络口碑度的南京城区餐饮业空间分布格局研究——以大众点评网为例》，《地理科学》第7期。
63. 萨师煊、王珊，1991，《数据库系统概论（第二版）》，高等教育出版社。
64. 宋树华、程承旗、关丽等，2008，《全球空间数据剖分模型分析》，《地理与地理信息科学》第24（4）期。
65. 宋树华、濮国梁、罗旭等，2014，《简单多边形裁剪算法》，《计算机工程与设计》第35（1）期。
66. 孙敏、陈军、张学庄，2000，《基于表面剖分的3DCM空间数据模型研究》，《测绘学报》第3期。
67. 童晓冲、贲进、张永生，2007，《全球多分辨率六边形网格剖分及地址编码规则》，《测绘学报》第36（4）期。

68. 童晓冲，2010，《空间信息剖分组织的全球离散格网理论与方法》，《测绘学报》第4期。

69. 王家军，2013，《来源原则对大数据管理的适用性探析》，2013年第三届全国情报学博士生学术论坛。

70. 王家耀，2000，《军事地理信息系统（MGIS）在现代化战争中的作用及其发展》，《信息工程大学学报》第4期。

71. 王家耀，2010，《地图制图学与地理信息工程学科发展趋势》，《测绘学报》第2期。

72. 王家耀、李志林、武芳，2011，《数字地图综合进展》，科学出版社。

73. 王树良、丁刚毅、钟鸣，2013，《大数据下的空间数据挖掘思考》，《中国电子科学研究院学报》第8（1）期。

74. 王树文、刘俊卫，2012《遥感与GIS技术在地理国情监测中的应用与研究——以天津市为例》，《测绘通报》第8期。

75. 王秀磊、刘鹏，2013，《大数据关键技术》，《中兴通讯技术》第19（4）期。

76. 王旭东，2012，《海量遥感影像数据的分布式文件系统管理技术研究》，硕士学位论文，兰州交通大学。

77. 王芸，2013，《消费者追溯猪肉信息行为及影响因素研究》，硕士学位论文，四川农业大学。

78. 王玉明、雷有毅、王向东，2002，《地理信息系统（GIS）的发展历程及前景展望》，《太原师范学院学报》（自然科学版）第1（1）期。

79. 王竹贺，2015，《GIS数据模型研究进展》，《城市建设理论研究》（电子版）第5（18）期。

80. 魏颖、陈东、黄倩倩、邢玉冠，2019，《运用时空大数据分析居民消费形势》，《中国经贸导刊》第16期。

81. 毋河海，1991，《地图数据库系统》，测绘出版社。

82. 吴立新、余接情、杨宜舟等，2013，《基于地球系统空间格网的全球大数据空间关联与共享服务》，《测绘科学技术学报》第30（4）期。

83. 邬伦、刘瑜、张晶，2001，《地理信息系统——原理、方法和应用》，科学出版社。
84. 吴宾，2014，《地理空间数据集的多级格网索引研究与应用》，硕士学位论文，电子科技大学。
85. 吴信才、郭际元、郑贵洲等，2009，《地理信息系统原理与方法（第二版)》，电子工业出版社。
86. 吴正升、崔铁军、郭金华、蔡畅，2010，《基于2维行程实现栅格基态修正模型的关键算法》，《测绘科学技术学报》第4期。
87. 谢仕义、匡珍春，2002，《国内外GIS软件的发展及其应用》，《现代计算机（专业版)》第10期。
88. 辛海强，2014，《空间信息区位标识剖分编码模型研究——以地理国情监测数据为例》，博士学位论文，北京大学。
89. 杨帅，2014，《剖分型地理信息系统数据模型研究》，硕士学位论文北京大学。
90. 杨宇博，2013，《基于剖分框架的空间信息表达模型》，北京大学。
91. 杨志高，2012，《基于Nurbs曲面的地下三维数据模型研究》，博士学位论文，中南大学。
92. 叶圣涛、保继刚，2009，《城市游憩空间形成的刻画基础：场模型还是要素模型》，《地理与地理信息科学》第25（3）期。
93. 尹章才、李霖，2005，《GIS中的时空数据模型研究》，《测绘科学》第3期。
94. 岳国森，2003，《基于Oracle Spatial的空间拓扑关系查询》，硕士学位论文，中南大学。
95. 张山山，2001，《地理信息系统时空数据建模研究及应用》，博士学位论文，西南交通大学。
96. 张艺丹，2020，《基于ISM模型的城市社区老年人消费行为影响因素分析》，《智能计算机与应用》第3期。
97. 张伊娜，2016，《上海28个商圈活力大PK》，《上海商业》第1期。

98. 赵学胜、王磊、王洪彬、李颖，2012，《全球离散格网的建模方法及基本问题》，《地理与地理信息科学》第28（1）期。

99. 郑浦阳，2020，《国内外消费者行为研究综述》，《价值工程》第16期。

100. 周素红、林耿、闫小培，2008，《广州市消费者行为与商业业态空间及居住空间分析》，《地理学报》第4期。

101. 周信炎，2006，《国产GIS软件：十年磨一剑》，《中国测绘报》1月30日。

102. 朱晓华、闾国年，2001，《地理信息系统技术在我国的应用与存在的问题》，《科技导报》第5期。

英文类

1. ALBIRZI H., SAMET H. 2000. Augmenting SAND with a Spherical Data Model. International conference on Discrete Global Grids. California: Sata Barbara.

2. AMANTE C., EAKINS B. W. 2013. ETOPO1 1 Arc – Minute Global Relief Model: Procedures, Data Sources and Analysis. NOAA Technical Memorandum NESDIS NGDC – 24. [2013 – 08 – 01]. http://www.ngdc.noaa.gov/mgg/global/relief/ETOP01/docs/ETOP01.pdf.

3. BEAVER D., KUMAR S., LI H. C., et al. 2010. Finding a Needle in Haystack: Facebook's Photo Storage. Proceedings of the 9th USENIX Symposium on Operating System Design and Implementation (OSDI' 10), Oct 4 – 6, 2010, Vancouver, Canada. Berkeley, CA, USA: USENIX Association.

4. Charlotte G. B., Priya R. 2014. "The Price Knowledge Paradox: Why Consumers Have Lower Confidence in, but Better Recall of Unfamiliar Prices?" *Cust. Need and Solut* (1).

5. COOPER B. F., RAMAKRISHNAN R., SRIVASTAVA U., et al. 2008. PUNTS: Yahoo!'s Hosted Data Serving Platform. Proceedings of the VLDB Endowment 2008. Auckland: ACM.

6. Chen X. , Ikeda K. , Yamakita K, et al. 1994. Three - Dimensional Modeling of GIS Based on Delaunay Tetrahedral Tessellations. International Society for Optics and Photonics.

7. DECANDIA G. , HASTORUND D. , JAMPANI M. , et al. 2007. Dynamo: Amazon's Highly Available Key - Value Store. Proceedings of SOSP 2007. New York: ACM.

8. Dutton G. 1991. "Improving Spatial Analysis in GIS Environment". *Proceedings of Auto - Carto 10.*

9. Edwards D. , Griffin T. , Hayllar B. , et al. 2009. Using GPS to Track Tourists Spatial Behaviour in Urban Destinations. Available at SSRN: http://dx. doi. org/10. 2139/ssrn. 1905286.

10. Egenhofer, SHARMA J. , MARK D. M. 1993. A Critical Comparison of the 4-intersection and 9-intersection Models for Spatial Relations: Formal Analysis. Auto Carto11: Proceedings of the Eleventh International Symposium on Computer-assisted Cartography Autocarto Conference. [S. l.]: American Society for Photogrammetry and Remote Sensing.

11. ESTER M. , et a1. 2000. "Spatial Data Mining: Databases Primitives, Algorithms and Efficient DBMS Support". *Data Mining and Knowledge Discovery*, (4).

12. Foley J. D. , Dam A. , Feiner S. K. , et al. 1990. *Computer Graphics, Principles and Practice.* MA: Addison-Wesley.

13. Gold C. M. , Edwards G. 1992. "The Voronoi Spatial Data Model: 2d and 3d Applications in Image Analysis". *ITC Journal*, (1).

14. GOODHOPE K. , KOSHY J. , KREPS J. , et al. 2012. "Building linkedIn's Real - Time Activity Data Pipeline". *IEEE Data Engineering Bulletin*, 35 (2).

15. GOODCHILD M. F. 2012. "Discrete Global Grids: Retrospect and Prospect". *Geography and Geo - Information Science*, 28 (01).

16. GOODCHILD M. F. , SHIREN Y. A. 1992. "Hierarchical Spatial Data Structure for Global Geographic Information Systems" . *Graphical Models and Image Processing*, 54 (01).

17. Gore A. 1998. "The Digital Earth: Understanding our Planet in the 21st Century". *Photogrammetric Engineering & Remote Sensing*, 65 (5).

18. IBM. 2012. What is Big Data?. http://www-01.ibm.com/software/data/bigdata/.

19. GU Y. H. , GROSSMAN R. 2009. "Sector and Sphere: The Design and Implementation of a High Performance Data Cloud". *Philosophical Transactions of the Royal Society A*, 367: 2429-2445.

20. INTERNATIONAL DATA CORPORATION. 2011. Electronic Medicines Compendium. 2011 IDC Digital Universe Study: Big Data is Here, Now What?.

21. Kriegel H. P. , Horn H, Schiwietz M. 1991. "The Performance of Object Decomposition Techniques for Spatial Query Processing". *Proceedings of European GIS' 1991*.

22. KUMAR R. 2012. Two Computational Paradigms for Big Data. KDD Summer School. [2012-10-02]. http://kdd2012.Sigkdd.org/sites/images/summerschool/Ravi-Kumar.pdf.

23. LAPKIN A. 2012. Hype Cycle for Big Data. Gartner, Inc. G00235042.

24. Laurini R. , Thompson D. 1992. Foundamentals of Spatial Information Systems, The A. P. I. C. Seris, No. 37, Academic Press Inc. .

25. Lee Y. C. , Isdale M. 1991. "The Need for a Spatial Data Model". *Proceeding of the Canadian Conference on GIS' 1991*, 531-540.

26. Lee Y. C. , Yang W. P. 1993. "A Fast and Simple Search Algorithm for Point Sets". *Proceedings of the Canadian Conference on GIS' 1993*: 975-987.

27. OFFICE OF SCIENCE AND TECHNOLOGY POLICY. 2012. Executive Office of the President, Fact Sheet: Big Data across the Federal Government.

[2012 - 12 - 21]. www. WhiteHouse. gov/OSTP.

28. Maillot P. G. 1992. "A New, Fast Method for 2D Polygon Clipping: Analysis and Software Implementation". *ACM Transactions on Graphics*, 11 (3): 276 - 290.
29. Malleson N., Birkin M. 2012. "Analysis of Crime Patterns Through the Integration of an Agent - Based Model and a Population Microsimulation". *Computers, Environment and Urban Systems*, (6).
30. NEUMEYER L., ROBBINS B., NAIR A., et al. 2010. S4: Distributed Stream Computing Platform. Proceedings of the IEEE International Conference on Data Mining Workshops (ICDMW'10), Dec 14 - 17, 2010, Sydney, Australia. Los Alamitos, CA, USA: IEEE Computer Society.
31. NoSQL Databases. NoSQL Definition. [2013 - 97107 - 24]. http: //nosql - database. org/.
32. OFFICE OF SCIENCE AND TECHNOLOGY POLICY. Executive Office of the President, 2012, Obama Administration Unveils "Big Data" Initiative: Announces $200 Million in New R&D Investments. [2012 - 03 - 19]. www. WhiteHouse. gov/OSTP.
33. Okabe A., Boots B., Sugihara K. 1992. Spatial tessellations: Concepts and Applications of Voronoi Diagrams. John Wiley&Sons.
34. RAJARAMAN A., ULLMAN J. D. 2011. *Mining of Massive Datasets*. Cambridge: Cambridge University Press.
35. Robert, J., Renka. 1997. "Algorithm 772: STRIPACK: Delaunay Triangulation and Voronoi Diagram on the Surface of a Sphere". *Acm Transactions on Mathematical Software.*
36. SAHR K. 2008. "Location Coding on Icosahedral Aperture 3 Hexagon Discrete Global Grids". *Computers, Environment and Urban Systems*, 32 (3).
37. Shi W. Z. 1996. "A Hybrid Model for 3D GIS". *Geoinformatics*, 1 (1).
38. Shekhar S., H. Xiong. 2008. "Geographic Dynamics, Visualization and Modeling". *Encyclopedia of GIS.*

39. Storm. [2012 - 10 - 02]. http://github.com/nathanmarz/storm.

40. Sutherland I. E., Hodgeman G. W. 1974. "Reentrant Polygon Clipping". *Communications of the ACM*, 17 (1): 32 - 42.

41. The Big Data Management Challenge. [2012 - 10 - 02]. http://reports.information week.com/abstract/81/8766/business - intelligence - and - informationmanagement/research - the - big - datamanagement - challenge.html.

42. VINCE A. 2006. "Indexing the Aperture 3 Hexagonal Discrete Global Grid". *Journal of Visual communication and Image Representation*, 17 (6): 1227 - 1236.

43. Voudouris V. 2011. "Towards a Conceptual Synthesis of Dynamic and Geospatial Models: Fusing the Agent-Based and Object-Field Models". *Environment and Planning-Part B*, 38 (1): 95.

44. WHITE D. 2000. "Global Grids from Recursive Diamond Subdivisions of the Surface of an Octahedron or Icosahedron". *Environmental Monitoring and Assessment*, 64 (1): 93 - 103.

45. Weiler Kevin, Atherton Peter. 1977. "Hidden Surface Removal Using Polygon Area Sorting". *Computer Graphics*, 11 (2): 214 - 222.

46. Worboys M. F. 1994. "A Unified Model for Spatial and Temporal Information". *The Computer Journal*, 37 (1): 26 - 34.

47. Yang Weiping. 1997. The Design of a Dynamic Voronoi Map Object (VMO) Model for Sustainable Forestry Data Management. Laval University, Quebec, Canada.

48. Yuan Linwang, Yu Zhaoyuan, Luo Wen. 2013. "Pattern Forced Geophysical Vector Field Segmentation Based on Clifford FFT". *Computers & Geosciences*, 10 (1).

49. Yuan M. 2001. "Representing Complex Geographic Phenomena in GIS". *Cartography and Geographic Information Science*, 28 (2).

图书在版编目（CIP）数据

时空大数据的分析方法与应用前瞻/陈东著. --北京：社会科学文献出版社，2021.7
（大数据发展丛书）
ISBN 978-7-5201-8754-1

Ⅰ.①时… Ⅱ.①陈… Ⅲ.①地理信息系统-数据处理-研究 Ⅳ.①P208

中国版本图书馆 CIP 数据核字（2021）第 148278 号

大数据发展丛书
时空大数据的分析方法与应用前瞻

著　　者／陈　东

出 版 人／王利民
组稿编辑／邓泳红
责任编辑／吴云苓　吴　敏

出　　版／社会科学文献出版社·皮书出版分社（010）59367127
　　　　地址：北京市北三环中路甲 29 号院华龙大厦　邮编：100029
　　　　网址：www.ssap.com.cn
发　　行／市场营销中心（010）59367081　59367083
印　　装／三河市尚艺印装有限公司

规　　格／开　本：787mm × 1092mm　1/16
　　　　印　张：13.5　字　数：200 千字
版　　次／2021 年 7 月第 1 版　2021 年 7 月第 1 次印刷
书　　号／ISBN 978-7-5201-8754-1
定　　价／89.00 元

本书如有印装质量问题，请与读者服务中心（010-59367028）联系